Miniteiche

im Wintergarten – auf Balkon und Terrasse

Philip Swindells

Miniteiche

im Wintergarten – auf Balkon und Terrasse

Philip Swindells

Studiofotograf: Neil Sutherland
Konzept der Reihe Faszination,
Gestaltung und Herstellung: bede-Verlag
e-Mail: info@bede-verlag.de

Übersetzung aus dem Englischen
durch Herprint International CC, Südafrika.

Der Verfasser

Philip Swindells ist ein Experte für Wassergärtnerei und kann auf langjährige Erfahrungen mit der Kultivierung von Wasserpflanzen in vielen Teilen der Welt zurückblicken. Seine Ausbildung erhielt er im Botanischen Garten der Universität von Cambridge und bei der berühmten Wassergärtnerei Perrys in Enfield, bevor er schließlich zum Kurator des Harlow Carr Botanischen Gartens in Harrogate ernannt wurde. Er ist der Verfasser zahlreicher Veröffentlichungen zum Thema Wassergärtnerei. Philip war darüber hinaus eine Zeit lang der Redakteur des „Water Garden Journal" der International Waterlily Society, die ihm 1994 einen festen Platz in ihrer Ruhmeshalle einräumte. 1990 erhielt er ein Stipendium der International Plant Propagator's Society für seine Pionierarbeit zur Vermehrung von Seerosen.

Danksagung

Die Verleger möchten den folgenden Personen ihren Dank für die wertvolle Hilfe und Ratschläge bei den Vorbereitungen zu diesem Buch aussprechen: Anthony Archer-Wills, Gail Paterson und Emma Spicer von den New Barn Aquatic Nurseries (West Chiltington), Gill Page von der Murrells Nursery (Pulborough), Austen Zingell von den Old Barn Nurseries (Horsham), Graham und Howard Healey von der Four Seasons Bonsai Nursery (East Peckham), Mike Yendell von Aristaquatics (Billingshurst), Stuart Thraves von Blagdon's (Bridgewater), und Stephen Markham für das Ausleihen eines Mauerbrunnens aus seiner Sammlung in Leigh in Surrey.

Inhalt

Einleitung

Obwohl Wassergärten meistens mit Teichen assoziiert werden, kann man auch mit einfachen Wannen, Fässern oder Töpfen sehr stilvolle Wasserarrangements schaffen. Manche können mit Fontänen, Kaskaden und Rinnen ein Fließgewässer repräsentieren, während andere bepflanzte Miniaturausgaben ruhiger Gartenteiche darstellen. Für diese stehen sogar Zwergpflanzen zur Verfügung, die von winzigen Seerosen bis hin zu Zwergrohrkolben reichen.

Jeder wasserdichte Behälter kann in ein Wasserspiel verwandelt werden, und wie hier demonstriert wird, können sogar solche mit Löchern erfolgreich verwendet werden. Ein kleiner Topf oder eine Reihe von Blumenbänken, ein Blumenkasten, eine alte Gießkanne oder eine Holzkiste – mit etwas Einfallsreichtum sind sie alle potenziell für Wasserspiele geeignet.

Heutzutage sind selbst Fließwasserkreationen kein Problem mehr. Tauchpumpen sind so kompakt, stark und einfach zu installieren, dass der kleinste Topf oder Kübel in einen Sprudler oder Springbrunnen verwandelt werden kann. Hinsichtlich ihrer Größe und Förderleistung können moderne Pumpen aber auch täuschen. Die Verpackungen geben zwar Auskunft über die Förderleistung, jedoch sind für die meisten Gärtner Angaben in Litern pro Stunde verwirrend. Anschauliche Beispiele sind in diesem Fall weitaus aussagekräftiger.

Außerdem sind die sorgfältige Auswahl des Behälters, die gewünschte Wirkung des Objekts und die Berechnung des mit einem Gartenschlauch simulierten Wasserflusses zu beachten. Man steuert den Wasserfluss über den Wasserhahn, bis der angestrebte Wasserfluss erreicht ist und fängt das überlaufende oder durch die Konstruktion plätschernde Wasser über eine Zeitspanne von einer Minute in einem Behälter auf. Diese Menge wird in Litern abgemessen und mit 60 multipliziert. Das Ergebnis ist die von der Pumpe in einer Stunde zu leistende Fördermenge.

Pumpen sind einfach zu installieren und in fertigen Wassergartenarrangements bereits oft eingebaut. Fässer mit nachgebildeten Handpumpen sind gewöhnlich als Fertigbausätze erhältlich. Das trifft auch auf die für sprudelnde Ali-Baba-Brunnen und Mühlsteine erforderlichen Wasserspeicher zu. Diese müssen lediglich in den Bodengrund eingelassen, mit Wasser gefüllt und mit Kieselsteinen verkleidet werden. Obwohl die Installation eines Behälterbrunnens aus Fertigteilen einfach ist, fängt der Spaß erst bei einer Eigenkonstruktion so richtig an.

Pflanzen sind ebenfalls wichtig, und einige Fische zur Kontrolle der Mückenlarven sollte auch nicht fehlen, selbst wenn die Fische im Winter in einen größeren Teich umziehen müssen. Pflanzen sind diesbezüglich meistens robuster und können auch über den Winter an ihrem Platz verbleiben. Töpfe und Pflanzschalen bieten eine gute Gelegenheit, sich an einigen subtropischen Wasserpflanzen zu versuchen, die in gemäßigten Breiten den Sommer im Freien verbringen können, über den Winter aber in einem schützenden Wintergarten stehen müssen.

Behälterwassergärten bieten die Möglichkeit für viele einfallsreiche Pflanzarrangements und inspirierende Wasserspiele, so dass auch Sie schnell vom Zauber der Wassergärtnerei ergriffen sein werden.

oben … *Die tropische Lotosblume wird oft als der Sitz Buddhas bezeichnet.*

rechts … *Eine kleine Wandmaske, die Wasser in einen mit Flußkieseln gefüllten Trog speit, ist eine gänzlich gefahrlose Form der Wassergärtnerei und schafft eine angenehm kühle, feuchte Ecke im Garten.*

Kübel und Fässer

Von allen zur Kreation von Wassergärten verwendbaren Behältern sind Kübel und Fässer die am einfachsten zu gestaltenden. Sie sind meistens aus einem natürlichen Material hergestellt, passen daher gut zu traditionellen Bepflanzungen und Landschaftsbildern und wirken stets rustikal.

Die ursprünglich für dekorative Zwecke in Gärten benutzten Kübel und Fässer waren gebrauchte Vorratsbehälter. Die Kübel bestanden meistens aus ehemals ganzen Fässern, die dicht über einem der mittleren Metallbänder durchgesägt wurden. So konnten sie nicht auseinanderfallen. Oftmals befanden sie sich in einem schlechten Zustand und waren vorher mit Teer, Speiseöl oder, wenn man Glück hatte, mit Sherry gefüllt. Solche Fässer mussten nicht nur erst einmal gründlich gereinigt, sondern auch ständig feucht gehalten werden, damit das Holz nicht schrumpfen und dadurch undichte Stelle entstehen konnten.

unten ... *Ein Fass kann in der Gesellschaft von Topf- und Behälterpflanzen ein fester Bestandteil des Gartenarrangements sein.*
Der Charakter dieser Ecke ließe sich durch eine andere Randbepflanzung völlig verändern.

links ... *Ein Kübel- oder Fassgarten muß nicht immer bepflanzt oder von seriöser Natur sein. Humor ist in einem Garten stets willkommen und macht das Gärtnern für junge Menschen attraktiver.*

oben ... *Ein Miniaturwassergarten mit fast allen Komponenten eines normalen Teichs, harmonisch auf dem kleinen Raum eines Kübels vereint. Dies ist eine perfekte Lösung für kleine Flächen.*

Heutzutage werden Kübel und Fässer für den Gartenbedarf kommerziell hergestellt. Sie bestehen aus sauberem Holz und müssen auch nicht feucht gehalten werden, um wasserdicht zu bleiben. Oft sind die in Gartencentern erhältlichen Fässer und Kübel innen bereits wasserdicht ausgekleidet, so dass man nur noch die Wasserpflanzen und Fische einsetzen muss.

Asiatischer Stil mit Bambusrohren

Der Ferne Osten liefert uns vielerlei Anregungen für fantasievolle kleine Wasserarrangements. Ihre Ursprünge gehen auf diverse Bräuche wie zeremonielle Waschungen oder das Verschrecken von Wild zurück, doch besitzen sie so viel Charme und Eleganz, dass die heute in Gärten verwendeten modernen Versionen als rein dekorative Elemente betrachtet werden müssen, deren ursprüngliche Funktionen längst vergessen sind.
Ein Großteil des asiatischen Stils beruht auf der Ausdrucksstärke von Bambus. Manchmal sind es die großen, röhrenförmigen Stämme des Riesenbambus, die als Rohre und Rinnen dienen. Dies ist besonders faszinierend, wenn man bedenkt, dass es sich bei den gewaltigen Röhren tatsächlich um die getrockneten Stämme von tropischem Gras handelt.

Die kleineren Bambusarten produzieren feines gelbes, beigefarbenes oder schwarzes Rohr und werden oft zu Sichtblenden, Matten oder Verkleidungen für Holzkisten verarbeitet, die ihrerseits wiederum als Wasserbehälter geeignet sind.
Bambus ist als Baumaterial im Garten sehr vielseitig verwendbar. Die Chinesen und Japaner haben im Gebrauch von Bambusrohren eine enorme Vielfalt an Kunststilen und Mustern entwickelt, die alle auch einem westlichen Geschmack angepasst werden können. Die Kombination von lebenden Bambuspflanzen und poliertem, behandeltem Bambusrohr mit Wasser verleiht dem Ziergewässer Ihrer Wahl etwas von der Mystik des Orients.

rechts ...
Dieser charmante orientalische Brunnen ist einfach zu pflegen und bringt das Geräusch von fließendem Wasser in diese friedliche Ecke. Die umgebenden Pflanzen mögen keinen nassen Boden, und obwohl sie in unmittelbarer Umgebung des Brunnens wachsen, befinden sich ihre Wurzeln außerhalb des den Brunnen speisenden, unterirdischen Wasserspeichers. Ein einfaches und optisch ansprechendes Arrangement.

links ... *Ein Bestandteil des echten asiatischen Gartens ist eine Waschgelegenheit. Obwohl der westliche Gärtner von dieser kaum Gebrauch machen wird, kann sie dennoch ein interessantes, nur minimale Pflege verlangendes Dekorationsobjekt sein.*

gegenüberliegende Seite, links außen ...
Unterschiedlich große Bambusrohre sind vielfach effektiv zum Fließen lassen von Wasser verwendbar. Der optische Kontrast zwischen dem schön geformten Granitblock und den Pflanzen strahlt eine angenehme Ruhe aus.

Wannen und Tröge

Wannen und Tröge bieten immense Möglichkeiten zum Bau von interessanten Behälterbrunnen. Natursteinbecken und alte steinerne Viehtränken sind perfekt – sie bestehen aus traditionellen Baustoffen, die sich gut in den Garten einfügen, und sind eine schöne Ergänzung für eine Vielzahl von Pflanzen.

Sie können durch Zwergformen von Seerosen und Rohrkolben in Miniatur-Wasserlandschaften oder mit Sumpfpflanzen bestückt in kleine Sümpfe verwandelt werden.

Neben Steinbecken und -trögen werden zahlreiche andere Behältnisse zum gleichen Zweck hergestellt, die fast immer, nachdem sie ausgedient haben, als Wassergärten verwendbar sind, egal, ob es sich dabei um eine weiß emaillierte Badewanne oder eine galvanisierte Viehtränke handelt. Die Möglichkeiten sind zahlreich.

unten ... *Ein kompletter Miniaturwassergarten kann in einem traditionellen Steinbecken Platz finden, allerdings kann in dieser kleinen Wassermenge kein natürliches biologisches Gleichgewicht entstehen. Das Wasser muss von Zeit zu Zeit ausgetauscht werden.*

Durch Tuffsteinverputz kann eine emaillierte Wanne zu einer Replika eines Steinbeckens werden, und mit leuchtend farbiger Metallfarbe kann man eine galvanisierte Viehtränke zu einem modernen Brunnen machen. Es gibt Becken aus hochglänzendem Metall und Edelstahl, die sich mit Spiegeln und farbigem Glasbruch dekoriert perfekt als moderne Miniaturgärten eignen.

oben … *Dieses Becken enthält interessante Blattpflanzen. Nur die* Iris *produziert farbige Blüten, jedoch haben die Schilfgräser und Binsengewächse interessante Fruchtstände.*

Mühl- und Sprudelsteine

Bei der Planung von Fließwasseranlagen für Gärten, in denen kleine Kinder spielen, sollten Mühlsteine und Sprudler nicht übersehen werden. Alle Annehmlichkeiten, die der Anblick und das Geräusch von fließendem Wasser bieten, können hier gefahrlos genossen werden. Sie verlangen auch nicht den bei gewöhnlichen Wasserspielen nötigen Pflegeaufwand wie Algenkontrolle, Fische füttern und aquatische Unkräuter vernichten.

Alles, was hier zu tun bleibt, ist die Pumpe einzuschalten und verdunstetes Wasser regelmäßig durch frisches zu ersetzen.

Die Konstruktion kann billig und einfach oder auch teuer und kompliziert sein - Sie haben die Wahl. Es sind alle möglichen Arten von Do-it-yourself-Bausätzen erhältlich. Der Mühlstein eines solchen Bausatzes kann aus Kunststein oder Fiberglas bestehen und die Kieselsteine können in künstlicher Perfektion nach Größen sortiert sein.

Es ist aber auch möglich, einen alten Mühlstein, einen großen Steintrog oder eine Steinschale zu verwenden, die einst Bestandteile einer Mühle oder eines Gehöfts aus dem 19. Jahrhundert waren. Sie sind gewöhnlich teuer, dafür aber von bester Qualität und verdienen es, mit dem feinsten Originalbaumaterial kombiniert zu werden. Der geschickte Heimwerker kann sie vielleicht selbst installieren, ansonsten sollte man dies jedoch besser einem Fachmann überlassen.

unten ... *Ein Mühlstein mit einem kaskadenartigen Effekt ist ungewöhnlich, denn meist ist der Wasserfluss hierbei ruhiger.*

oben ... *Diese mühlsteinähnliche Kreation demonstriert, wie Wasser und Stein zu einer schönen „Wasserskulptur" kombiniert werden können. Der ästhetisch sehr ansprechende Effekt macht eine Bepflanzung unnötig.*

links ...
Ein durchbohrter Stein dient als Sprudelbrunnen, der das Geräusch und den Zauber von fließendem Wasser vermittelt, dabei aber auch für Kleinkinder ungefährlich ist und weniger Pflege als ein traditioneller Wassergarten verlangt.
Die Flusskiesel wurden wirkungsvoll um den Stein gruppiert und dienen der Verkleidung des Wasserspeichers darunter.

Terracotta- und glasierte Töpfe

Terracotta- und Keramiktöpfe können in Verbindung mit Wasser eine echte Bereicherung für den Garten sein. Normalerweise für Rabattenpflanzen und Sträucher gedacht, können die Töpfe mit ein paar Veränderungen zur Kreation vieler unterschiedlicher Wasserarrangements verwendet werden. Und zwar nicht nur für bepflanzte, sondern auch für fantasievolle Fließwasseranlagen.

rechts ... *Der glasierte Topf mit der einzelnen Zwergseerose bildet auf dieser versenkten Terrasse einen optischen Mittelpunkt. Die runden Wände, der Steg und die geschwungene, halbrunde Mauer im Hintergrund passen hervorragend zu dem aquatischen Thema im Zentrum. Bei einem solchen Arrangement muss das Wasser unbedingt klar sein und regelmäßig gewechselt werden. Auch hier ist wegen der geringen Wassermenge kein natürliches Gleichgewicht möglich.*

links ... *Mit etwas Einfallsreichtum kann aus einigen einfachen, übereinander gestapelten Tontöpfen, einer Pumpe im Wasserspeicher darunter und einer Auslassdüse in der Mitte ein interessanter moderner Springbrunnen entstehen.*

Die Hersteller haben vielfach erkannt, wie schön sich diese Töpfe mit Wasser kombinieren lassen, produzieren deshalb auch solche ohne Abflussloch und planen selbst die Unterbringung von Pumpen oder Schläuchen in ihre Designs mit ein. In vielen Fällen werden Töpfe und Zubehör für Fließwasserarrangements bereits mit Installationsanleitung als fertige Bausätze angeboten. Die Auswahl ist hier etwas eingeschränkt, weshalb der auf Individualismus bedachte Gärtner vielleicht doch lieber einen normalen Topf kauft und sein eigenes Design entwirft.

Schöne Töpfe sind perfekt für Fließwasser geeignet und lassen sich auch sehr gut bepflanzen. Die beste Wirkung wird durch individuelle Pflanzenarten erzielt, die einzeln in ihre Töpfe gepflanzt sind und dann auf ansprechende Weise in Gruppen arrangiert werden. Dadurch sind auch jederzeit Veränderungen möglich. Beispielsweise kann eine im Frühling blühende Sumpfdotterblume nach der Blütezeit im Sommer gegen eine *Iris* ausgetauscht werden.

Versenkte Behälter

Es entspricht nicht den Tatsachen, dass ein Ziergewässer in einem Behälter auf dem Boden stehen muss. Auch Behälter mit nur kleiner Wassermenge können ebenso gut in den Boden eingelassen werden. Tatsächlich bietet dies einige praktische Vorteile. Beispielsweise ist die Gefahr von Frostschäden für einen versenkten Behälter und die darin angesiedelten Tiere sehr gering. Erstaunlicherweise sind die Wintertemperaturen einer kleinen Wassermenge im Boden einige Grade höher als in solchen über dem Erdboden.

Ein versenkter Behälter ist nicht zu sehen. Die einzige praktische Überlegung ist hier, dass Wassertiefe und -volumen für den geplanten Entwurf und die gewünschten Pflanzen ausreichend sein müssen. Hinsichtlich der Ästhetik ist eigentlich nur die Oberflächengestaltung von Wichtigkeit. Es spielt keine Rolle, wie der versenkte Behälter aussieht oder welchem Zweck er ursprünglich einmal gedient hat. Oftmals werden daher sogar alte Badewannen und Zisternen sowie Kunststoffkisten und Mülleimer verwendet.

Der einfallsreiche Gärtner braucht dabei nicht einmal zwingendermaßen ein wasserdichtes Behältnis, denn auch ein Drahtkorb kann im Boden versenkt und dann mit Teichfolie ausgekleidet werden. Der Effekt ist der gleiche wie bei einem versenkten Behälter.

rechts ... *Dies ist ein schönes Arrangement, das sich in Proportion und Ausgewogenheit exzellent in die Umgebung einfügt – und das, obwohl das Ziergewässer ganz offensichtlich unnatürlich ist.*
Das Wasserbecken in der Mitte besteht lediglich aus einem versenkten Container und einer Verkleidung aus sehr großen Schieferplatten. Die strategisch auf dem mit Kieseln bedeckten Boden platzierten Steine und Pflanzen vermitteln einen Eindruck von Qualität und Kunstbewusstsein.
Die den Fokuspunkt bildende niedrige Sprudelfontäne macht eine Bepflanzung des Teichs unnötig.

links ... *Dieser Behälter ist fast bis zum Rand im Erdreich versenkt. Das Dickicht der ihn umgebenden Pflanzen sorgt für ein harmonisches Landschaftsbild.*
Versenkte Behälterwassergärten bieten den Vorteil, dass das Wasser darin im Sommer kühl bleibt und im Winter nicht so schnell gefriert.

Kreative Behälter

Der Gärtner oder Designer mit Fantasie kann nahezu jedes Behältnis, das mit Wasser gefüllt oder durch das Wasser hindurch laufen kann, gebrauchen. Dies kann ein gewöhnliches Gartenobjekt wie eine Gießkanne oder eine Schubkarre, aber auch ein altmodischer Heizkörper oder sogar ein Bidet sein. Die Möglichkeiten sind praktisch grenzenlos.
Moderne glänzende Objekte passen gut zur Verwendung von Stahl und Spiegeln und dem heute sehr beliebten Miniaturdesign. Für den eher traditionell angelegten Garten ist der Gartenschuppen der ideale Platz für die Suche nach geeigneten Objekten.

oben ... *Zeitgenössisches Gartengerät steht im Kontrast zu rustikalen Objekten aus natürlichem Material, wobei die Pflanzen einen Eindruck von Frohsinn vermitteln. Die Wasserbehälter müssen für einen optimalen Effekt stets sauber gehalten werden.*

links ... *Dieses künstliche* Gunnera*-Blatt wurde speziell als dekoratives Element für einen Wassergarten entworfen. Mit seiner natürlichen Form fügt es sich gut in den umgebenden Garten ein.*

Gärten in einem herkömmlichen Stil und selbst solche mit einer klaren, modernen Linienführung lassen sich nicht gut mit Baustoffen des 21. Jahrhunderts kombinieren. Hier passen traditionelle Holz-, Schiefer- und gebrannte Tonobjekte besser, auch wenn diese ziemlich exzentrisch wirken und keine offensichtliche Verbindung zu Gärten haben.

links ... *Natürliche Objekte wie Flusskiesel und Schieferplatten können wie Kunstobjekte arrangiert werden, ohne ihre rauhe Schönheit zu verlieren.*

oben ... *Alte, schön verzierte Wasserpumpenköpfe können genau wie traditionelle Wandmasken oder Wasserspeier verwendet werden.*

Manchmal besteht die Kreation nicht aus einem, sondern aus zwei oder mehr Objekten. Von diesen sollten dann allerdings stets zwei oder mehr in natürlicher Verbindung zueinander stehen. Das trifft besonders auf Fließwasserarrangements zu, bei denen ein Objekt den Wasserfluss in ein anderes weiterleitet. Bei kleineren Fließgewässern macht die Schaffung solcher, bei denen Teile aus Haushalt oder Garten Verwendung finden, am meisten Spaß. Sie treiben die Vorstellungskraft an ihre Grenzen.

Holzbrunnen

Holz wird gewöhnlich nicht mit Wassergärten in Verbindung gebracht. Ist es jedoch fachgerecht imprägniert, so stellt es eines der besten natürlichen Materialien sowohl für stehende als auch fließende Wasserspiele dar. Es gibt nur wenige kommerziell hergestellte Holzbehälter, die sich wirklich gut für Wasserarrangements eignen. Allerdings sind Blumenkästen für die Fensterbank oftmals aus Holz gefertigt und können – mit etwas Einfallsreichtum – in attraktive Miniatursümpfe verwandelt werden.

Blumenkästen haben gewöhnlich Abflusslöcher und müssen, zumal wenn sie aus Holz sind, mit Teichfolie ausgekleidet werden. Da Wasser und nasse Erde sehr schwer sind, ist die herkömmliche Methode des Aufhängens der Kästen mit Metallhalterungen vor dem Fenster nicht geeignet. Derartige Arrangements stellt man entweder draußen auf einen stabilen Fenstersims oder platziert sie direkt im Garten.

Korrekt mit Teichfolie ausgekleidete hölzerne Behälter oder Kisten können sehr nett anzuschauen sein, besonders wenn sie mit Bambusmatten oder Rundholzstücken verkleidet werden. Sie können als Miniaturteich oder Sumpfgarten bepflanzt oder in einem Fließwasserarrangement verwendet werden. Die Möglichkeiten für eine einfallsreiche Verwendung sind zahllos.

rechts ... *Holz wird nur selten in anderer Form als zur Uferbefestigung mit Wasser in Betracht gezogen, denn es wird davon ausgegangen, dass Wasser zum Verrotten von Holz führt. Gründlich imprägniertes Holz ist jedoch sehr lange haltbar, und bei einer geschmackvollen Gestaltung wie hier entsteht eine harmonisch rustikale Kombination, die durch die Pflanzen besonders unterstrichen wird.*

links ... *Dieser flache Teich wurde aus Rundholzstücken und Teichfolie konstruiert. Den Fokuspunkt bildet hier der mit Kieseln bedeckte Grund, der in den Töpfen fortgesetzt wird. Bei dieser auf Simplizität ausgelegten Konstruktion muß das Wasser stets klar sein.*

gegenüberliegende Seite, links außen ... *Rundholzstücke können in allen erdenklichen Varianten zum Bau von interessanten Wasserspielen dienen. Solch ein kleiner Teich kann den Endpunkt einer weiterführenden Einfassung eines angrenzenden Blumenbeets mit ebensolchen Rundhölzern bilden.*

Topfbrunnen

Gewöhnlich verstehen die meisten von uns unter einer Fontäne einen in die Luft schießenden Wasserstrahl. Wenn man sich die unterschiedlichen Formen von Fontänen vor Augen hält, sind es eigentlich schon fast Wasserskulpturen. Manchmal erheben sie sich aus einem stehenden Gewässer oder entspringen an den unwahrscheinlichsten Stellen aus kunstvollen Ornamenten in menschlicher, tierischer oder mystischer Gestalt.
Fließgewässer für kleinere Gärten bieten da eine willkommene Abwechslung. Es gibt eine ganze Reihe von freistehenden Fontänen, die in Ali-Baba-Töpfe, Krüge und andere Behälter integriert unserem Streben nach Fließwasser voll gerecht werden und trotzdem auf der kleinsten Terrasse oder im engsten Lichthof Platz haben.

unten ... *Aus herkömmlichen Pflanzkübeln kann ein schönes, nicht allzu großes, förmliches Arrangement entstehen. Das Wasser fließt gleichmäßig über die Töpfe und dann in das umgebende Bett aus Kieseln, unter dem der Wasserspeicher und die Pumpe versteckt sind. Die umgebenden Pflanzen stehen dadurch in feuchter Erde, müssen deswegen aber nicht zwingend Sumpfpflanzen sein.*

unten ... *Topfbrunnen sehen nur gut aus, wenn Topf und Wasser stets sauber sind. Ein ebener Topfrand ist für einen gleichmäßigen Wasserfluss wichtig.*

oben ... *Obwohl die Wasserrinnen für die Produktion des wundervollen Geräusches wichtig sind, dienen sie lediglich als Rahmen für den beeindruckenden, sprudelnden Krug in der Mitte. Krug und Mauerrinnen werden von separaten Pumpen betrieben. Eine geschmackvolle Bepflanzung verfeinert das Bild.*

Topfbrunnen sind in ihren vielen Farben und Ausführungen ideal für alle Bereiche des Gartens geeignet, die mit einem Stromkabel erreicht werden können. Ein neben einer Bank unter einem Blätterdach platzierter Krug, über dessen Rand seicht plätscherndes Wasser in ein Bett mit Kieselsteinen fließt, das seinerseits mit Farnen bepflanzt ist, schafft eine Atmosphäre, die in ihrer Friedfertigkeit dem Himmel auf Erden gleichkommt.

Springbrunnen und Kaskaden

In Gartencentern sind viele verschiedene Systeme erhältlich, die Fontänen oder Wasserspeier auch auf engstem Raum möglich machen. Manche davon sind so klein und dabei doch so sorgfältig durchdacht, dass sie lediglich mit Halterungen an die Wand gehängt werden, wo sie ein sich bewegendes Bild aus Wasser produzieren. Derartige Designs gefallen nicht jedem, jedoch bieten sie demjenigen, der nur einen Balkon oder ein winziges Hofgärtchen sein Eigen nennt, die Möglichkeit, sich ebenfalls an den Wundern der Wassergärtnerei zu erfreuen.

Abgesehen von diesen sind die Möglichkeiten zur Kreation von Fontänen oder anderen Arten von Fließgewässern in Behältern schier grenzenlos. Die Pumpenhersteller haben kleinste Pumpen entwickelt, die geeignete Wassermengen fördern und dabei praktisch unsichtbar sind. Sie werden unter Wasser platziert, mit Strom versorgt und eingeschaltet. Die für ihre Größe enorm kräftige Pumpe ist gewöhnlich regelbar und kann, ganz nach dem persönlichen Geschmack, einen starken Strahl oder auch nur ein sanftes Plätschern erzeugen.

unten ... *Kleine Fließwasserarrangements können vielgestaltig sein, aber nur wenige sind so charmant wie diese Vogeltränken-Kaskade.*

Fließwasser in Behältern wird gewöhnlich in Form einer Fontäne gestaltet, denn diese ist einfach zu kontrollieren und optisch ansprechend. Es gibt aber noch viel mehr Möglichkeiten für fließendes und in kleinen Kaskaden von einem Behälter zum anderen plätscherndes Wasser, welche die Fantasie eines Gärtners richtig fordern können.

links ... *Sanft plätscherndes Wasser kann, besonders in einem Lichthof oder Kleingarten, ebenso effektiv wie eine tobende Kaskade sein.*

oben ... *In Gärten mit einem zeitgenössischen Stil können Metall und Glas wirkungsvoll Verwendung finden.*

Bepflanzter Kübel mit Fontäne

Der Kübelbrunnen ist für jeden – der sich ein auch für kleine Kinder sicheres Fließwasserarrangement wünscht – eine perfekte Lösung. Er ist auch eine der am einfachsten aus herkömmlichen Materialien zu realisierenden Alternativen zum Teich.

Kübel sind in vielerlei Formen und Größen erhältlich. Von diesen mögen einige der aus Holz gefertigten zuvor anderen Zwecken gedient haben. Sie sind mit Vorsicht zu behandeln, da das Holz eventuell Kontakt mit Schadstoffen hatte, und sollten daher unbedingt mit Teichfolie ausgekleidet werden. In vielen Gartencentern sind jedoch genau für unseren Zweck hergestellte Holzkübel erhältlich, die oftmals bereits wasserdicht sind. Natürlich gibt es auch Kübel aus anderem Material, und obwohl Kunststoff vielleicht nicht die erste Wahl für den Garten ist, sollte man es dennoch nicht von vornherein ausschließen.

Die Pumpe muss sorgfältig ausgewählt werden. Der von der Pumpe produzierte Wasserfluss sollte sich regulieren lassen, so dass man die Fließmenge wunschgemäß verändern kann. Es ist auch ökonomischer, eine Pumpe mit einer höheren Kapazität zu wählen, anstatt eine, die gerade noch so ihren Zweck erfüllt.

Bau eines Kübelbrunnens

1 Gebraucht wird ein sauberer, wasserdichter Kübel. Die Pumpe muss für den gewünschten Effekt von fließendem Wasser regelbar sein. Man platziert die Pumpe in der Mitte des Kübels und stellt sie, falls nötig, auf einen erhöhten Sockel.

2 Man wählt geeignete Pflanzen aus und arrangiert diese in der gewünschten Weise. Mit Ziegelsteinen als Sockel können sie auf unterschiedlichen Ebenen stehen.

links ... *Eine interessante Kombination aus Fontäne und dichter Bepflanzung in einem schönen Kübel.*

3 *Ein Stützrost aus Metall wird auf den Kübelrand gelegt, und die Pflanzenblätter werden vorsichtig hindurch gefädelt. Das Gitter muss fest aufliegen oder gegen ein Verrutschen gesichert werden.*

4 *Man füllt den Kübel bis zum Rand mit frischem, klarem Wasser. Durch Verdunstung und Spritzen verloren gehendes Wasser muss regelmäßig ersetzt werden.*

5 *Nun wird die Pumpe eingeschaltet und der Wasserfluss wie gewünscht reguliert.*

6 *Nachdem alles funktioniert und an seinem Platz ist, wird das Gitter sorgfältig unter Fluss- oder flachen Kieseln versteckt, so dass die Pflanzen gut zur Geltung kommen.*

Pflanzvorschläge

Verwendete Pflanzen
Iris laevigata *„variegata“ / Sommer / Uferpflanze*
Lysimachia nummularia */ Sommer / Ufer-/Sumpfpflanze*
Stipa tenuissima */ Sommer / Krautgewächs*

Alternative Pflanzen
Butomus umbellatus */ Spätsommer / Uferpflanze*
Cyperus longus */ Sommer / Uferpflanze*
Veronica beccabunga */ Sommer / Uferpflanze*

rechts ... *Der komplette Kübelbrunnen; ideal für eine Terrasse oder einen Lichthof.*

Fassbrunnen mit Pumpe

In Gartencentern sind einige Arrangements aus Fässern und nachgebauten Handpumpen erhältlich. Auch diese verfügen über eine eingebaute Tauchpumpe. Im Gegensatz zu Kübelbrunnen, die über einen Wasserspeicher gespeist werden, zirkuliert das Wasser hier zwischen dem Fass und dem Wasserauslass der Handpumpe. Gelegentliches Spritzen und die Verdunstung sorgen für einen sinkenden Wasserspiegel, weshalb schon aus Gründen der Ästhetik regelmäßig Wasser aufgefüllt werden muss.
Ein Fassbrunnen profitiert optisch von der Bepflanzung mit Wasserpflanzen. Sie haben zwar auf die Ökologie des Wassergartens keinen großen Einfluss, geben der Konstruktion aber einen schönen Rahmen. Die Auswahl an Pflanzen ist beschränkt, da die Wasserbewegung hier recht stark sein kann, was viele Wasserpflanzen, einschließlich Seerosen, nicht vertragen.
Selbst die sehr robusten Schwertlilien oder *Nuphar*-Arten könnten diese Wasserturbulenzen nicht aushalten. Auch Schwimmpflanzen leiden, weshalb prinzipiell nur die robusteren Ufer- und einige submerse Pflanzen geeignet sind.

Bepflanzung eines Handpumpenbrunnens

oben ... *Halbierte Fässer mit einer Handpumpe sind sehr beliebte unabhängige Wasserspiele. Sie sind auch gut zum Kultivieren von Uferpflanzen geeignet.*

1 Man verbindet die Tauchpumpe mit dem Auslassschlauch im Fass. Bei fertigen Brunnensystemen dieser Art ist der Schlauch oft bereits angeschlossen.

2 Das Fass wird mit frischem, klarem Wasser gefüllt, die Pumpe wird eingeschaltet und der Wasserfluss vor dem Einbringen der Pflanzen eingeregelt.

3 Die Pflanzen werden im Fass auf Ziegeln platziert, da der Wasserstand für die meisten Uferpflanzen zu hoch ist. Bei der Kultur in Kübeln ist es wichtig, dass die Pflanzen in kleinen Töpfen bleiben und jedes Jahr umgetopft werden.

4 *Es empfiehlt sich, einige submerse Pflanzen im Kübel zu haben, die allerdings nur wenig zur Klarheit des Wassers beitragen*

5 *Auch wenn Fische keine Notwendigkeit sind, so helfen sie doch im Kampf gegen Mückenlarven und ähnliche Plagen,solange sie klein genug sind.*

Pflanzvorschläge

Verwendete Pflanzen
Alisma plantago-aquatica
/ Sommer / Uferpflanze
Ceratophyllum demersum
/ submerse Pflanze
Houttuynia cordata
/ Sommer / Ufer-/Sumpfpflanze
Lythrum salicaria
/ Sommer / Ufer-/Sumpfpflanze

Alternative Pflanzen
Butomus umbellatus
/ Spätsommer / Uferpflanze
Lagarosiphon major
/ Sommer / submerse Pflanze
Myosotis scorpioides
/ Sommer / Ufer-/Sumpfpflanze
Pontederia cordata
/ Spätsommer / Uferpflanze

links ... *Eine Variation eines traditionellen Handpumpen-Fassbrunnens auf einem freistehenden Holzkübel.*

Behälter im japanischen Stil

Japanische Gärten sind für ihre sehr bedeutungsvollen und gleichzeitig kleinen Designs berühmt. Westliche Kulturen sind von ihrer mystischen Ausstrahlung fasziniert, empfinden jedoch authentisch japanische Gartendesigns und -kulturen meistens als etwas nüchtern. Häufig wird daher ein japanisches Thema mit asiatischen Materialien zu einer westlichen Kreation kombiniert, die einige der besten Aspekte unserer eigenen Gartenkultur enthält und oftmals Farbe ins Bild bringt.
Es gibt eine Reihe von kommerziell hergestellten japanischen Wasserbehältern und Gegenständen, aus denen eine japanische Miniaturgartenlandschaft gestaltet werden kann, jedoch machen eigene Entwürfe viel mehr Spaß. Mit einfach erhältlichem Bambus in allen Formen und Größen, von großen Röhren bis hin zu Bambusmatten und -sichtblenden, können selbst ganz gewöhnliche Behälter in etwas sehr Besonderes verwandelt werden.
Mit etwas Einfallsreichtum kann somit ein Behälter im japanischen Stil in eine Landschaft verwandelt werden, die nicht nur Wasser zum Mittelpunkt hat, sondern auch die Kunst des Bonsai beinhaltet, was besonders bei begrenztem Platzangebot in Kleingärten oder auf Balkonen von Vorteil ist.

Bau eines Behälters im japanischen Stil

1 Die Holzkiste wird mit einem Imprägniermittel gestrichen. Die Außenseiten müssen besonders sorgfältig behandelt werden.

2 Nun wird die Kiste mit Teichfolie ausgekleidet, die in den Ecken sorgsam umgefaltet wird und einfach zu befestigen sein muss.

3 Die Folie wird am oberen Rand mit aufgeschraubten Holzleisten oder Teppichschienen befestigt.

4 Jetzt wird die Kiste von außen mit einer Bambusmatte verkleidet, die in den meisten Gartencentern erhältlich ist. Sie wird zugeschnitten und dann mit Metallkrampen befestigt.

5 Dann wird die Kiste mit Erde gefüllt. Für einen Sumpfgarten wird am besten ein nährstoffreiches, organisches Substrat benutzt. Eine Mischung aus mineralischem Substrat mit bis zu 20 % Gartenerde ist ideal.

6 Die Pflanzen werden fest ins Erdreich gebettet und so platziert, dass sie genug Platz zum Wachsen haben. Stark verdichtete Wurzelballen sollten vorher aufgelockert werden.

7 Der Bonsai verleiht der Szenerie Charakter, verträgt aber keine anhaltende Nässe, weshalb er auf einem soliden Untersatz stehen muss.

8 Der Bonsai muss auf einer geraden Ebene stehen. Die anderen Dekorationselemente können dann kunstvoll auf die verbleibende Fläche verteilt werden.

Pflanzvorschläge

Verwendete Pflanzen
Equisetum scirpoides / *Sumpfpflanze*
Scirpus cernuus / *Sommer / Sumpfpflanze*

Alternative Pflanzen
Astibe crispa *„Perkeo" / Spätsommer /Sumpfpflanze*
Primula rosea / *Frühjahr / Sumpfpflanze*

unten ...
Ein charmantes Miniatur-Sumpfgartenarrangement mit allen wichtigen Elementen eines asiatischen Gartens nach westlichem Geschmack.

Bambusbrunnen

Obwohl Bambusbrunnen und Wildvertreiber – als Wippen konstruierte Wasserrinnen aus Bambus, die sich durch Gewichtsverlagerung entleeren, auf einen Stein schlagen und dadurch unerwünschte Wildtiere vertreiben – traditionell oft mit größeren Gewässern verbunden waren, bestehen die heute als Dekorationsobjekte in unseren Gärten verwendeten generell aus Behälterbrunnen. Dank moderner Technologie sind sie zu unabhängigen Systemen avanciert, die oftmals einzeln im Halbschatten und von üppigen Farnen umgeben stehend am eindrucksvollsten sind. Bambusbrunnen werden häufig in Gartencentern als Bausatz angeboten, komplett mit Wasserspeicher, verstärktem Abdecknetz, Tauchpumpe und Kieselsteinen. Tatsächlich war es die Tauchpumpe, die diese Art von Brunnen revolutionierte. Sie wird einfach im Wasserspeicher unter der Bambuskonstruktion eingebaut. Die Verdunstung führt zum Verlust von etwas Wasser, aber ansonsten ist das Ganze sehr leistungsfähig und effektiv.
Wenn man etwas Einfallsreicheres als den traditionellen Wildvertreiber oder „shishi odoshi" möchte, ist der Bau einer Eigenkonstruktion mit von einem zum anderen Rohr fließendem Wasser nicht schwer, vorausgesetzt, das Wasser fließt durch die Kieselsteine direkt in den darunter befindlichen Wasserspeicher mit der Tauchpumpe zurück. Ansonsten kann nur mangelnde Fantasie den Möglichkeiten für Bambusbrunnen Grenzen setzen.

rechts ...
Für Arrangements im asiatischen Stil sind zahlreiche authentische japanische Gegenstände erhältlich.

Diese Steinfliese repräsentiert die Jahreszeit Herbst.

Bau eines Bambusbrunnens

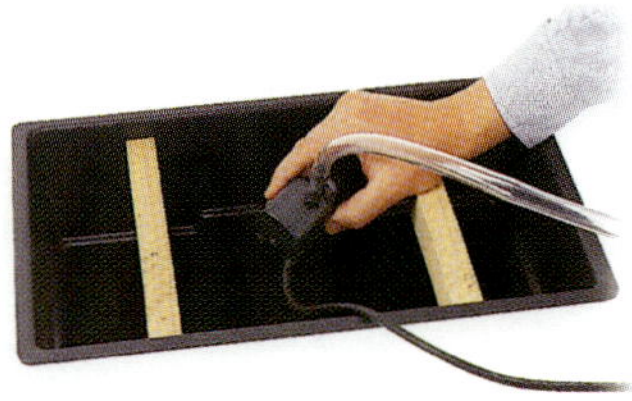

1 Die Pumpe wird im Wasserspeicher unter der Steinschale platziert. Die eingebauten Stützleisten müssen das Gewicht der Schale tragen können.

2 Das Wasser soll über den Rand der Schale in den Speicher laufen, wozu diese etwas schräg positioniert wird.

3 Um die Schale herum werden Flußkiesel gelegt, die den Speicher verdecken und die Schale stützen.

4 Die Ständer, bestehend aus zwei gleichlangen, mit Draht oder Bast zusammengebundenen Bambusstangen, werden aufgestellt.

5 Nun wird die Bambusrinne auf die Ständer gelegt. Der Wasserzulaufschlauch verläuft durch das Rohr am Ende der Rinne.

rechts ...
Eine andere Möglichkeit für einen Bambusbrunnen auf engem Raum. Er basiert auf den gleichen Konstruktionsprinzipien.

Pflanzvorschläge

Verwendete Pflanzen
Dryopteris affinis / *Farn*
Fargesia murieliae *„Novecento" / Bambus*

Alternative Pflanzen
Fargesia nitida / *Bambus*
Matteuccia struthiopteris / *Farn*
Pleioblastus auricomus / *Bambus*
Pleioblastus fortunei / *Bambus*

6 *Man stützt das Ende der Wasserrinne ab und verlegt den Auslassschlauch der Pumpe. Noch ein Testlauf, dann folgt die Verkleidung mit Steinen und Pflanzen.*

7 *Der komplette Brunnen. Ein charmantes und einfaches Arrangement im asiatischen Stil, das in die Gartenlandschaft integriert werden oder auch einzeln stehen kann, preiswert und einfach zu konstruieren ist und nur minimale Pflege braucht.*

Mit Tuffsteinverputz verkleiden

Obwohl echte Steinbecken oder -tröge am besten zur Bepflanzung mit Wasserpflanzen geeignet sind, so sind diese doch nur sehr selten erhältlich und dann auch sehr teuer. Mit etwas Zeit und Einfallsreichtum kann aber ein gewöhnliches, emailliertes Becken durch künstlichen Tuffsteinverputz in ein Steinbecken verwandelt werden. Dabei handelt es sich um ein steinähnliches Kunstmaterial, das dem natürlich vorkommenden Tuffstein nachempfunden ist. Es hat nicht die gleiche Zusammensetzung wie Tuffstein, kann aber bei korrekter Verwendung optisch kaum von diesem unterschieden werden.

Tuffstein ist ein poröses Felsgestein, das in der Natur als kalkartige Ablagerung in Bachbetten und der Umgebung von Quellen vorkommt. Es entsteht unter Wasser und dient in getrockneter Form der Kultivierung von empfindlichen Gebirgspflanzen. Es ist ein recht seltenes und teures Material, so dass die Herstellung von künstlichem Tuffsteinverputz unter Verwendung von Sand, Zement und Torf eine preiswertere Alternative darstellt. Es wird auch für die Herstellung von tuffsteinartigen Kunstfelsen verwendet, damit verkleidete Emaillebecken für Gebirgs- oder Miniaturwassergärten wirken, als wären sie aus Naturstein gemacht.

Ein Becken mit Tuffsteinverputz

1 Tuffsteinverputz besteht aus einer Mischung aus Sand und Zement zu gleichen Teilen und der doppelten Menge Torf und Wasser.

2 Die Glasur des alten Beckens wird vor Auftragen des Verputzes mit Hammer und Meißel aufgerauht.

3 Die Verputzmasse wird mit einer kleinen Kelle aufgetragen. Die Feuchtigkeit der Masse wird während des Mischens immer wieder kontrolliert, denn zu trockener oder nasser Putz haftet nicht.

4 Der Boden des Beckens wird mit gewaschenem, grobem Kies gefüllt, der den Boden und den Abfluss verkleidet und auch die meisten feinen Schmutzpartikel im Wasser auffängt.

5 Damit das Wasser beim Einfüllen nicht trübe und die Kiesschicht nicht weggespült wird, gießt man das Wasser auf ein Stück Plastikfolie, so dass es sich langsam und gleichmäßig verteilt.

6 *Die Pflanzen werden sorgsam mit ihren Töpfen eingesetzt. Sie sollten jährlich in Wasserpflanzenerde umgetopft werden.*

Ein Miniaturwassergarten für die Terrasse, den Lichthof oder Balkon.

Pflanzvorschläge

Verwendete Pflanzen

Cyperus eragrotis
/ Sommer / Uferpflanze
Houttuynia cordata
/ Sommer / Uferpflanze
Nymphaea pygmaea *„rubra"*
/ Sommer / Seerose

Alternative Pflanzen

Juncus effusus *„spiralis"*
/ Sommer / Uferpflanze
Myosotis scorpioides
/ Sommer / Uferpflanze
Nymphaea pygmaea *„Helvola"*
/ Sommer / Seerose

oben ... *Tuffsteinverputz ist eine gute Lösung für den Gärtner, der die Investition für ein echtes Steinbecken scheut. Mit einem Arrangement aus farbenfrohen Wasserpflanzen sieht es trotzdem sehr gut aus.*

Installation eines Mühlsteins

Mühlsteine sind bestens für kindersichere Fließwasserarrangements geeignet. Sie waren zwar nie für diesen Zweck gedacht, aber über einem Wasserspeicher positioniert und von Kieselsteinen und geschmackvollen Pflanzen umgeben, erwecken sie den Eindruck, sie hätten damit einen höheren Status erreicht, als den, der ihnen ursprünglich zugedacht war.
Echte Mühlsteine, mit denen Mehl gemahlen wurde, sind nicht einfach zu finden. Heute gibt es aber viele unterschiedlich große, aus Kunststein, Beton und Fiberglas hergestellte. Die Kunststeinmühlsteine sehen in den meisten Fällen am besten aus, und nachdem ein oder zwei Monate lang Wasser darüber geflossen ist, wirken sie verwittert und setzen Grünalgen an.

Der wichtigste optische Aspekt bei Mühlsteinen ist ein angemessener Wasserfluss, der ebenmäßig über den flachen Stein fließt. Dieses Bild kann durch einen dünnen Wasserfilm entstehen, der sich aus einem kräftigen, ruhigen oder auch sprudelnden, plätschernden Wasserfluss ergibt. In jedem Fall ist eine entsprechend starke Pumpe erforderlich, die eine für diesen Zweck ausreichende Wassermenge fördert. Die Art und Weise, wie das Wasser aus der Mitte des Steins austritt, ist je nach persönlichen Ansprüchen einstellbar, vorausgesetzt, die Pumpe entspricht den Anforderungen.

rechts ... *Der sprudelnde Mühlstein bildet in diesem sehr traditionellen Garten einen effektvollen Fokuspunkt.*

Mühlsteinbrunnen installieren

1 Der Wasserspeicher wird genau ausgemessen und die Maße werden mit Schnur und zwei Holzstangen auf den Boden übertragen.

2 Dann sticht man das Gras in einem etwas weiteren Radius aus und gräbt ein Loch von passender Tiefe.

3 Der Speicher wird waagerecht ausgerichtet, und dann wird der Zwischenraum um den Speicher mit grobem Kies verfüllt.

4 Die Pumpe kommt in die Mitte des Speichers. Das Kabel wird möglichst eingegraben oder nicht sichtbar verlegt.

5 Der Speicher wird abgedeckt und das Kabel durch das Loch im Deckelrand gezogen. Dann wird die Pumpe so ausgerichtet, dass sich der Auslassstutzen unter dem Loch in der Mitte des Deckels befindet.

6 Jetzt wird der Mühlstein darüber platziert, wobei zwei stabile Holzlatten hilfreich sind. So kann der Stein ohne eingeklemmte Finger in Position gebracht werden. Nun wird der Speicher mit Wasser gefüllt.

7 *Wenn der Mühlstein an seinem Platz und waagerecht ausgerichtet ist, wird die Fläche um ihn herum mit Flusskieseln verkleidet.*

Miniatur-Topfbrunnen

Eines der attraktivsten Behältergewässer ist der Miniaturteich im Topf oder in einer Schale. Ein solcher kann gut im Garten etabliert werden, obwohl oftmals angenommen wird, dass er sich besser für den Wintergarten eignet. Aus pflegetechnischen Gründen steht er sogar besser im Freien, denn da bleibt das Wasser kühler und die Pflanzen wachsen in ihrem natürlichen Rhythmus.

Das Anlegen eines solchen Topfbrunnens ist einfach und es gibt einige sehr interessante Zwergpflanzen, die gut auf engem Raum wachsen. Für den Erfolg ist eine gute Pflege wichtig, die nichts Kompliziertes verlangt, aber regelmäßige, besser noch tägliche Aufmerksamkeit erfordert.

Einige Tage der Nachlässigkeit und die Wasserqualität ist dahin. Wenn das bei einem so geringen Wasservolumen passiert, sind die Auswirkungen auf Pflanzen und Fische verheerend.

Fische sind in einem solchen Miniteich nicht nötig. Im Sommer können einige kleinere Kaltwasserfische eingebracht werden, die das Wasser von Mückenlarven etc. befreien. Aber schon Goldische werden viel zu groß und wachsen bald aus dem Behälter heraus. Außerdem sollten die Fische in einer kleinen Gruppe gehalten werden. Gut geeignet sind aber Kardinalfische, *Tanichthys albonubes*, die auch leicht im Haus überwintert werden können.

Beflanzen eines Topfteiches

1 Der Boden des Topfes wird mit Flusskieseln gefüllt, damit die kleinen Topfpflanzen in einer Höhe von 5 bis 8 cm unterhalb des Topfrandes stehen. Die Steine dienen auch zum Auffangen von Schmutzpartikeln, die einfach von Zeit zu Zeit abgesaugt werden. Das Wasser in einem Topfteich muß regelmäßig ausgetauscht werden.

2 Die Pflanzen werden sorgsam und fest stehend positioniert. Man wählt dafür Pflanzen, die sich alle in der gleichen Wassertiefe wohl fühlen, aber zu verschiedenen Zeiten blühen.

3 Nun wird vorsichtig Wasser eingefüllt. Verdunstetes Wasser muss regelmäßig ersetzt werden. Verfärbt sich das Wasser grün, ist ein totaler Wasseraustausch nötig.

7 *Wenn der Mühlstein an seinem Platz und waagerecht ausgerichtet ist, wird die Fläche um ihn herum mit Flusskieseln verkleidet.*

Sprudler im glasierten Topf

Nicht alle Wasserarrangements benötigen Pflanzen und Fische. Ganz im Gegenteil sind die kleineren Varianten ohne selbige besser dran, besonders wenn es sich um fließendes Wasser handelt. Solche Wasserspiele sind überaus vielseitig und können nicht nur im Garten, sondern auch im Wintergarten und gelegentlich sogar im Haus verwendet werden.

Die Auswahl an Töpfen ist endlos, und die meisten davon sind für Fontänen durchaus geeignet. Auch hier ist die Wahl der richtigen Pumpe wichtig. Bei den meisten Behälterbrunnen sollte die Kapazität der Pumpe größer als die eigentlich benötigte sein, was auch auf die kleineren Behälter zutrifft. Es ist ebenfalls wichtig, dass der Wasserfluss einstellbar und die Pumpe klein genug ist, um auf dem engen Raum das gewünschte Ergebnis zu erzielen, ohne den umgebenden Boden unter Wasser zu setzen.

Heute gibt es einige sehr starke Miniaturpumpen, deren Förderleistung sorgfältig auf die Gegebenheiten abgestimmt werden muss.

Kleine Wasserarrangements in dieser Form bereiten im Sommer draußen am meisten Freude, können aber auch ganzjährig in einem Wintergarten stehen. Im Freien aufgestellte Topfbrunnen dieser Art müssen im Herbst ins Haus genommen werden und dürfen erst wieder ins Freie kommen, wenn keine Frostgefahr mehr besteht.

unten ... *Es gibt viele Möglichkeiten für Fließwasserkreationen in Keramiktöpfen. Hier eine Spezialanfertigung aus einer um die Mittelsäule herum angeordneten Reihe von kleinen, soßenkellenförmigen Schälchen.*

Bau eines Topfbrunnens

1 Das Pumpenkabel wird durch das Abflussloch im Boden verlegt und der Durchlass dann mit wasserfester Dichtmasse versiegelt. Der Topf wird auf kleine Füße gestellt, damit das Kabel darunter Platz hat.

2 Die Pumpe steht in der Mitte des Topfes. Moderne Tauchpumpen sind für kleine Behälter ideal, denn sie sind in ihrer Leistung verstellbar.

Der Wasserfluss wird getestet solange die Pumpe noch bequem zugänglich ist.

3 Die Tiefe des Topfes wird ausgemessen, um die Maße für das Stützgitter zu erhalten.

4 Man kann auch andere Stützen verwenden, aber die beste Lösung ist eine Pflanzenstütze aus Draht für Rabattenpflanzen, bei der man mit einem Saiten- oder Bolzenschneider die Beine kürzt.

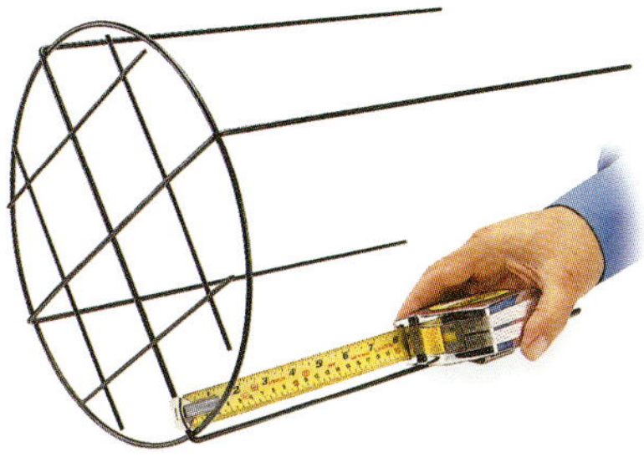

5 Die Stütze wird in den Topf gestellt, so dass die Auslassdüse der Fontäne in der Mitte herausragt. Zwischen Stützkonstruktion und Topfrand sollte etwas Platz für die Flusskiesel bleiben.

6 Ein Stück feine Plastikgaze wird zugeschnitten und über die Stütze gezogen, so dass keine kleinen Schmutzpartikel und Steine ins Wasser fallen können. Schmutziges Wasser ist unansehnlich und verstopft den Filter und manchmal auch die Auslassdüse.

Ein einfacher Topfbrunnen, der dennoch Klasse hat.

7 Um die Auslassdüse herum werden gleichmäßig saubere Flusskiesel verteilt, die die Gaze verdecken und den Rückfluss des Wassers in den Topf gewährleisten. Zum mittigen Wasserauslass hin können sie leicht angehäuft werden.

Miniatur-Topfbrunnen

Eines der attraktivsten Behältergewässer ist der Miniaturteich im Topf oder in einer Schale. Ein solcher kann gut im Garten etabliert werden, obwohl oftmals angenommen wird, dass er sich besser für den Wintergarten eignet. Aus pflegetechnischen Gründen steht er sogar besser im Freien, denn da bleibt das Wasser kühler und die Pflanzen wachsen in ihrem natürlichen Rhythmus.

Das Anlegen eines solchen Topfbrunnens ist einfach und es gibt einige sehr interessante Zwergpflanzen, die gut auf engem Raum wachsen. Für den Erfolg ist eine gute Pflege wichtig, die nichts Kompliziertes verlangt, aber regelmäßige, besser noch tägliche Aufmerksamkeit erfordert.

Einige Tage der Nachlässigkeit und die Wasserqualität ist dahin. Wenn das bei einem so geringen Wasservolumen passiert, sind die Auswirkungen auf Pflanzen und Fische verheerend.

Fische sind in einem solchen Miniteich nicht nötig. Im Sommer können einige kleinere Kaltwasserfische eingebracht werden, die das Wasser von Mückenlarven etc. befreien. Aber schon Goldische werden viel zu groß und wachsen bald aus dem Behälter heraus. Außerdem sollten die Fische in einer kleinen Gruppe gehalten werden. Gut geeignet sind aber Kardinalfische, *Tanichthys albonubes*, die auch leicht im Haus überwintert werden können.

Beflanzen eines Topfteiches

1 Der Boden des Topfes wird mit Flusskieseln gefüllt, damit die kleinen Topfpflanzen in einer Höhe von 5 bis 8 cm unterhalb des Topfrandes stehen. Die Steine dienen auch zum Auffangen von Schmutzpartikeln, die einfach von Zeit zu Zeit abgesaugt werden. Das Wasser in einem Topfteich muß regelmäßig ausgetauscht werden.

2 Die Pflanzen werden sorgsam und fest stehend positioniert. Man wählt dafür Pflanzen, die sich alle in der gleichen Wassertiefe wohl fühlen, aber zu verschiedenen Zeiten blühen.

3 Nun wird vorsichtig Wasser eingefüllt. Verdunstetes Wasser muss regelmäßig ersetzt werden. Verfärbt sich das Wasser grün, ist ein totaler Wasseraustausch nötig.

4 Der fertige Topf ist eine attraktive Dekoration für die Terrasse, den Lichthof oder Balkon. Mit geeigneten Pflanzen kann er sogar ein Zimmer schmücken.

Empfohlene Pflanzen

Verwendete Pflanzen
Ceratophyllum demersum
/ submerse Pflanze
Eriophorum angustifolium
/ Sommer / Uferpflanze
Iris laevigata
/ Sommer / Uferpflanze
Zantedeschia aethiopica *„Kiwi Blush“*
/ Sommer / Uferpflanze

Alternative Pflanzen
Iris versicolor *„Kermesina“*
/ Sommer / Uferpflanze
Myriophyllum spicatum
/ Sommer / Uferpflanze
Nymphaea pygmaea *„Helvola“*
/ Sommer / Seerose
Pontederia cordata
/ Spätsommer / Uferpflanze
Typha minima
/ Sommer / Uferpflanze

links ... *Ein Topf voll aquatischer Schönheit. Eine einzelne Zwergseerose wächst in einem dekorativ glasierten Topf.*

Versenkte Behälter

Bei der Erwähnung eines Wassergartens in einem Buch wird gewöhnlich stets von einem oberirdischen Behälter ausgegangen. Es gibt tatsächlich aber keinen Grund dafür, warum dieser nicht in den Boden eingelassen werden könnte. Dies bietet die Möglichkeit, auch unansehnliche Behälter zu verwenden, die man normalerweise kaum in Betracht ziehen würde. So kann auch ein eher diskreter und versteckter Wasserspeicher entstehen, in dem die Pumpe untergebracht ist. In versenkten Behältern lebende Tiere sind darüber hinaus besser vor rauem Winterwetter geschützt, so dass in bestimmten Fällen in den gemäßigten Breiten sogar Fische darin überwintern können.
Beim Versenken eines Behälters ist es wichtig, dass dieser gut in dem umgebenden Erdreich verankert wird. Nicht alle Behälter sind von einfacher runder oder eckiger Form; einige haben sehr unregelmäßige Umrisse. Neben der Stabilität ist es auch wichtig, dass der Behälter in allen Richtungen waagerecht ausgerichtet ist, so dass er nicht überlaufen kann.
Versenkte Behälter gleichen eher herkömmlichen Teichen, weshalb alle Vorsichtsmaßnahmen, die beim Anlegen eines Gartenteichs nötig sind, auch hier einzuhalten sind. Obwohl hier viele der Grundregeln für Teiche zutreffen, ist aber aufgrund der geringen Wassermenge und des dadurch bedingten rapiden Temperaturwechsels und der hohen Verdunstungsrate kein naturähnliches, ökologisches Gleichgewicht mit Pflanzen zu erreichen.

Ein versenkter Behälterteich

1 Ein einfacher Kunststoffbehälter kann, im Boden versenkt, zu einem sehr effektvollen Teich werden.

2 Der Behälter wird waagerecht ausgerichtet, die Zwischenräume darum werden verfüllt und der umgebende Bodengrund wird geebnet.

3 Eine Mischung aus Mörtel und Sand wird um den Behälter herum verteilt und dient als Bett für die Steinfliesen.

4 Die Steinfliesen werden gleichmäßig und vollkommen waagerecht um den Behälter herum verlegt und verkleiden durch leichtes Überragen dessen Ränder.

5 Nun setzt man die Pflanzen in den noch leeren Teich. Es sollten nur Zwergformen verwendet werden.

Empfohlene Pflanzen

Verwendete Pflanzen
Eriophorum angustifolium
/ Sommer / Uferpflanze
Juncus ensifolius
/ Sommer / Uferpflanze
Mentha cervina alba
/ Sommer / Uferpflanze
Nymphaea pygmaea „Helvola"
/ Sommer / Seerose

Alternative Pflanzen
Butomus umbellatus
/ Spätsommer / Uferpflanze
Houttuynia cordata
/ Sommer / Uferpflanze
Myosotis scorpioides
/ Sommer / Uferpflanze
Typha minima
/ Sommer / Uferpflanze

6 *Der fertige Teich verlangt regelmäßige Pflege, da die geringe Wassermenge kein natürliches Gleichgewicht zuläßt.*

Dieser versenkte Teich bietet mit seinen Wasserpflanzen ein ausgewogenes und harmonisches Bild. Wer einen lebhafteren Effekt wünscht, kann mit einer Tauchpumpe eine Fontäne oder kleine Kaskade schaffen.

rechts ... *Ein kleiner Teich kann aus nahezu jeder Art von Behälter gebaut werden, vorausgesetzt, er wird großzügig mit Pflanzen verkleidet. Bei dieser simplen und doch attraktiven Kreation gibt es keinen Hinweis auf das verwendete Baumaterial.*

Gießkannen-Springbrunnen

Vorausgesetzt, ein Behälter kann Wasser halten oder dieses kann durch ihn hindurchlaufen, so ist er zur Schaffung eines Behälterwasserspiels geeignet. Am Wichtigsten ist hierbei sicherzustellen, dass der Behälter nicht vorher irgendwelche Schadstoffe enthalten hat und aus einem Material besteht, das keine Probleme bei der Pflege aufwirft.
Holzfässer sind hierbei die gefährlichsten, denn sie können vorher öl- oder teerhaltige Substanzen enthalten haben oder wurden mit einem für lebende Pflanzen schädlichen Holzpräparat behandelt. Kupfer ist für Fische ungeeignet, denn auch nur kurze Stücke Kupferrohr können bereits genug Giftstoffe produzieren, die bei ständiger Zirkulation Wasserbewohner schnell und auf sehr unangenehme Art töten.
Überraschenderweise verursacht Blei in akalischem Wasser keine Probleme, was auch auf galvanisiertes Eisen und Aluminium zutrifft. Terracotta ist ebenfalls geeignet, sollte aber frostsicher sein. Das trifft auch auf glasierte Töpfe und Schalen zu. Kunststoff und Fiberglas sind in dieser Hinsicht ebenfalls problemlos, obwohl sie aus ästhetischer Sicht weniger ansprechend sind. Vorausgesetzt, der zu verwendende Behälter ist solide und wasserdicht und birgt keine Gefahr der Verseuchung des Wassers, sind der Kreativität nur durch mangelnden Einfallsreichtum Grenzen gesetzt.

Bau eines Gießkannen-Springbrunnens

Ausgediente Gartengeräte mit Wasser zum Leben erweckt.

1 Man braucht ein einzelnes Standrohr mit Hahn als Wasserauslass und Ziegel für das Fundament, durch welche ein Kabel und ein Auslassschlauch verlegt werden können.

2 Pumpenkabel und Auslassschlauch werden durch den Topfboden verlegt und mit wasserfester Dichtmasse fixiert. Damit ist der Wasserspeicher für den Springbrunnen fertig.

3 Der Wasserspeicher wird so ausgerichtet, dass Auslassschlauch und Kabel unter oder zwischen den Ziegeln verlegt werden können, ohne gequetscht zu werden. Eine Standardkupplung dient als Verbindung zwischen Schlauch und Standrohr.

4 Das runde Stützgitter wird auf den Topfrand gelegt. Wenn der Topf keine Standardgröße hat, muss es nötigenfalls mit einem Saitenschneider zugeschnitten werden. Es gibt auch speziell hergestellte Stützen für Behälterbrunnen.

oben ... *Dieser ausrangierte, gekippte Wasserkübel wurde durch seinen Umbau in eine unabhängige Kaskade zu neuem Leben erweckt. Das den Wasserspeicher abdeckende Gitter stammt aus einem Gewächshaus.*

5 Der Eimer wird unter der Gießkannentülle platziert. Ein Test zeigt, ob das Wasser in den Eimer und dann gleichmäßig über dessen Rand läuft. Nötigenfalls muss die Standhöhe des Eimers verändert werden.

6 Das Stützgitter wird mit flachen Kieseln verkleidet. Diese sind für sich schon sehr attraktiv und auf so kleiner Fläche einfacher zu arrangieren als runde.

Holzverkleidete Teiche

Die Eignung von hölzernen Behältern für die Wassergärtnerei wird gemeinhin stark unterschätzt. Das ist schade, denn Holz ist ein überaus vielseitiges Material, aus dem jede geradlinige Konstruktion möglich ist; sie muß lediglich mit Teichfolie auskleidet werden, um wasserdicht und pflegeleicht zu sein. Es gibt zahllose geeignete Möglichkeiten für die Dekoration und Verkleidung, obwohl sich die meisten Gärtner darin einig sind, dass ein rustikaler Stil am ansprechendsten ist.
Holzbehälter lassen sich gewöhnlich einfach umstellen, was für Reinigungszwecke sehr bequem ist, und lassen sich auch gut mit anderen Behältern gruppieren. In manchen Fällen lassen sich Holzkonstruktionen zu größeren und komplexeren Einheiten arrangieren, wo Wasser von einem Behälter zum anderen fließt. Vorausgesetzt, die Teichfolie ist korrekt verlegt worden, bieten Holzbehälter vermutlich sogar mehr Möglichkeiten als andere Behälter oder Behältergruppen.
Holzcontainer wirken unbepflanzt etwas nackt und es besteht das Risiko, dass die Teichfolie zu sehen ist, obwohl das eigentlich bei einer fachgerechten Auskleidung kein Problem sein sollte. Dennoch sieht jeder mit Teichfolie konstruierter Wassergarten mit attraktiven Wasserpflanzen besser aus.

Bau eines Holzteiches

1 Der auf Seite 33 abgebildete Holzbehälter erhält hier eine hölzerne Feder- und Nut-Verkleidung.

2 Die Außenseiten des Behälters werden mit einer geeigneten wasserfesten Farbe gestrichen. Für ein gutes Aussehen können zwei bis drei Anstriche nötig sein.

3 Der Behälter wird mit Wasser gefüllt und für die Aufnahme der Pumpe vorbereitet. Der Wasserstand darf den oberen Rand der Teichfolie nicht übersteigen.

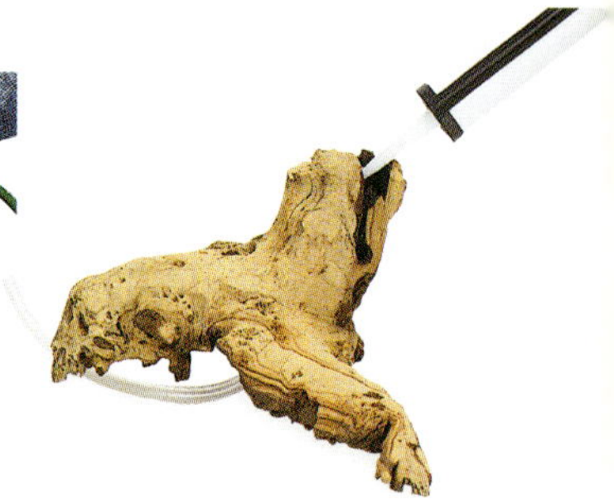

4 Ein trockenes, hohles Wurzelstück dient als Wasserauslass. Der durchsichtige Schlauch wird durch die Wurzel gezogen und mit Silikon befestigt.

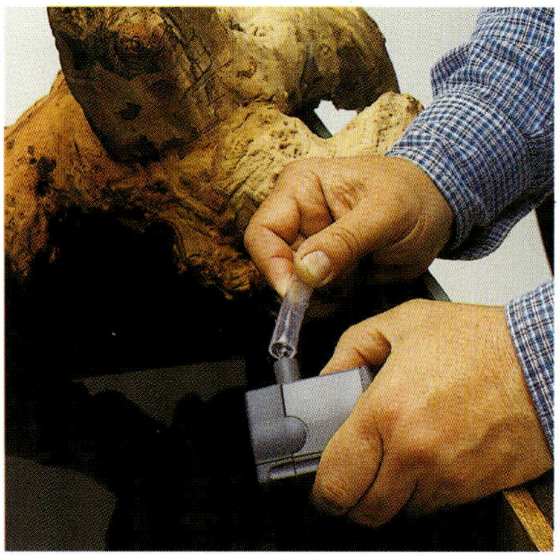

5 Das andere Ende des Schlauchs wird an eine kleine, im Behälter untergebrachte Tauchpumpe angeschlossen. Alle Verbindungen müssen wasserdicht sein.

6 Man stellt die Pumpe so ins Wasser, dass der Auslassschlauch nicht sichtbar ist. Dann wird die Pumpe getestet und der gewünschte Wasserfluss eingestellt.

oben … *Dieser Teich vermittelt ein Gefühl moderner Rustikalität. Die geraden Linien und das Holz bilden einen perfekten Rahmen für das Wasser.*

7 Nun werden die Pflanzen eingesetzt und, wo nötig, auf Stein- oder Ziegelsockel gestellt. Für diese Art von Miniaturteichen sind nur Ufer- und Schwimmpflanzen geeignet.

Empfohlene Pflanzen

Verwendete Pflanzen

Canna glauca-*Hybride / Sommer / Uferpflanze*
Iris laevigata */ Sommer / Uferpflanze*
Pontederia cordata */ Sommer / Uferpflanze*
Stratiotes aloides */ Sommer / Schwimmpflanze*

Alternative Pflanzen

Caltha palustris */ Frühjahr / Uferpflanze*
Hydrocharis morsus-ranae */ Sommer / Schwimmpflanze*
Iris laevigata *„variegata“ / Sommer / Uferpflanze*
Zantedeschia aethiopica */ Sommer / Uferpflanze*

Sumpfgarten im Blumenkasten

In den letzten Jahren sind Blumenkästen und -bänke als Gartendekorationen immer beliebter geworden. Die langweiligen, gewöhnlichen Blumenkästen mit ihren Geranien, Salbei und Lobelien erschienen plötzlich in einem ganz anderen Licht. Sie sind heute nicht mehr nur auf Fenstersimsen, sondern auch an vielen anderen Stellen zu finden und enthalten auch nicht mehr die üblichen Geranien oder Ringelblumen, sondern Kapmargeriten, Zwergkoniferen oder vielleicht auch Kräuter. Das herkömmliche Image des Blumenkastens ist durch ein viel zeitgemäßeres ersetzt worden.

Aufgrund der Vielfältigkeit der erhältlichen Blumenkästen bestehen auch viele Möglichkeiten für deren Gebrauch als Behältergewässer. Rein aquatische Pflanzen verlangen einen tieferen Pflanzbehälter als die in Gartencentern erhältlichen. Die für solche Pflanzen erforderliche Wassermenge ist so schwer, daß der Wassergarten-Blumenkasten nur auf dem Boden stehend betriebssicher wäre.

Die Kreation eines Sumpfgartens im Blumenkasten ist eine völlig andere Geschichte. Hier ist stehendes Wasser keine Notwendigkeit, und das Substrat kann leichtere organische Bestandteile enthalten als der zur Kultivierung von Uferpflanzen benötigte. Die Reichhaltigkeit von für einen Sumpfgarten passenden Gegenständen macht diese Idee umso reizvoller.

Ein Sumpfgarten im Trog

1 Der Trog wird wasserdicht gemacht, indem man ihn mit Teichfolie auskleidet. Dann wird eine etwa 5 cm hohe Schicht Wasserpflanzenerde eingefüllt, was die Folie in Position hält und spannt.

links ... *Eine Reihe von Holztrögen mit fließendem Wasser und einer Auswahl an Iris- und Aronstabgewächsen. Die umgebenden Pflanzen wachsen in morastigem Boden.*

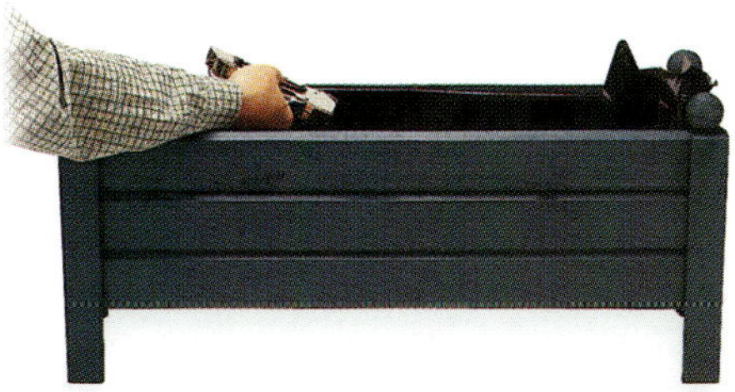

2 Die Ränder der Folie werden so abgeschnitten, dass sie umgeschlagen und direkt unter dem Kistenrand befestigt werden können. Man gibt etwas Material zu, um Unregelmäßigkeiten auszugleichen.

3 Nun werden die Folienränder sauber umgeschlagen und die obersten 3 bis 4 cm an den Innenseiten des Behälters festgetackert. Weiter unten würden die Krampen kleine Löcher und somit undichte Stellen verursachen, die das Holz verfärben oder sogar zum Verrotten führen können.

4 Die Pflanzen werden fest in das Substrat eingepflanzt und, falls nötig, wird mehr Erde aufgefüllt.

5 Aufrecht wachsende Pflanzen lassen sich gut mit im Vordergrund platzierten kriechenden Arten kombinieren. Das Pfennigkraut ist die ideale Begleitpflanze für Hosta- *und* Astilbe-*Arten.*

Empfohlene Pflanzen

Verwendete Pflanzen
Astilbe glaberrima */ Sommer / Sumpfpflanze*
Hosta fortumei */ Sommer / Sumpfpflanze*
Iris forrestii */ Sommer / Sumpfpflanze*
Lobelia fulgens */ Sommer / Sumpfpflanze*
Lysimachia nummularia
/ Sommer / Ufer- / Sumpfpflanze

Alternative Pflanzen
Astilbe crispa *„Perkeo“*
/ Spätsommer / Sumpfpflanze
Iris ensata */ Sommer / Sumpfpflanze*
Lobelia vedrariensis */ Sommer / Sumpfpflanze*
Lysimachia nummularia *„Aurea“*
/ Sommer / Sumpfpflanze
Primula denticulata */ Frühjahr / Sumpfpflanze*

Ali-Baba-Brunnen

Wer etwas ganz Ausgefallenes sucht, kann sich für den geheimnisvollen orientalischen oder den warmen Mittelmeerstil eines Ali-Baba-Brunnens entscheiden. Hohe, importierte Krüge und Töpfe machen sich in Gärten im westlichen Stil ausnehmend gut. Sie müssen diesem aber nicht angepasst werden, denn auf einer modernen Terrasse oder einer Veranda stehend können sie oftmals auch auf unkonventionelle Weise in die Gartenlandschaft einbezogen werden, indem das Gesamtbild um sie herum aufgebaut wird.
Bei der Auswahl eines geeigneten Topfes ist dessen äußere Erscheinung wichtig. Er muss von kräftiger Farbe und auffällig sein und genügend Platz für die benötigte Wasserleitung bieten, um einen ausreichenden Wasserfluss für den gewünschten Effekt zu gewährleisten.

Die Pumpe kann, je nach Standort, einen ziemlichen Höhenunterschied zu überwinden haben, weshalb das für Förderhöhe und Wasserfluss erforderliche Fördervolumen genauestens berechnet werden muss. Auch hier ist eine Pumpe mit größerer Kapazität zu empfehlen.
Ali-Baba-Brunnen können in kälteren Klimazonen nicht ganzjährig betrieben werden. Die wenigsten dieser großen Töpfe sind ausreichend frostgeschützt, um mit Wasser gefüllt den Winter zu überleben, ohne dass Risse entstehen und die Glasur abblättert. Bei Einbruch des Winters sollte man daher das Wasser ausgießen und die Öffnung gegen das Eindringen von Schnee und Regen verschließen, falls der Topf im Freien bleiben soll. Im Haus ist er aber in jedem Fall besser geschützt.

Bau eines Ali-Baba-Brunnens

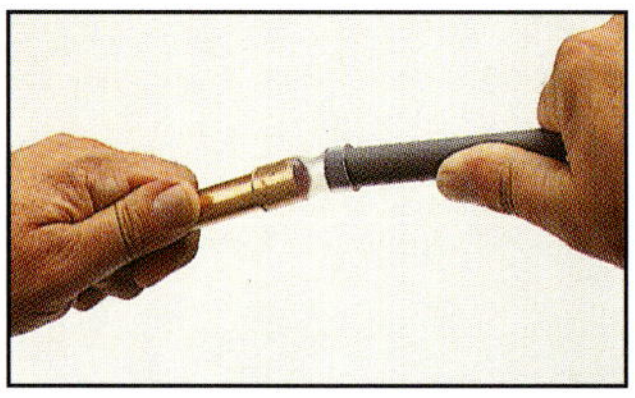

1 Da der zentrale Wasserauslass ganz genau sein soll, muss der Auslass der Pumpe mit einem steifen Stück Kupferrohr verlängert werden.

2 Dann wird die Tauchpumpe im Wasserspeicher positioniert, bevor der Deckel und Krug folgen.

3 Im Krug platzierte Ziegel halten das Kupferrohr in Position. Es muss sich in der Mitte des Krugs befinden, um einen perfekten Sprudeleffekt zu erzielen.

4 Der Pumpenschlauch wird durch den Boden des Krugs verlegt und an das Kupferrohr angeschlossen und dann das Loch im Boden mit Silikon versiegelt.

5 Nun wird der Krug auf den Deckel gestellt und für einen gleichmäßigen Wasserfluss waagerecht ausgerichtet. Der Deckel des Speichers wird mit Flusskieseln verkleidet.

Ein solitärer Krug, sanft plätschernd und in der Sonne glitzernd. Die Lilien ergänzen die Szenerie mit ihrem Duft.

Widderkopf-Wandbrunnen

Wand- oder Mauerbrunnen haben eine lange Tradition, und heute sind moderne Versionen der antiken Masken und Wasserspeier in vielen Gartencentern erhältlich. Sie bieten sehr vielseitige Möglichkeiten, um fließendes Wasser ohne Einschränkung des Effekts auch in einen kleinen Garten zu bringen. Neben Masken und Wasserspeiern gibt es viele Arten von völlig selbständigen Wandbrunnensystemen, bei denen das Wasser in einen erhöhten oder versenkten Wasserspeicher, ein Becken oder eine Schale fließt.
Wandmasken und Wasserspeier sind in allen erdenklichen Stilrichtungen erhältlich, und die verwendeten Baustoffe reichen von Kunststein und Blei über Terracotta bis hin zu Fiberglas und Kunststoff. Ihr Aussehen ist natürlich wichtig, jedoch darf darüber hinaus nicht das Erscheinungsbild des Wasserauffangbehälters vergessen werden. Er muss optisch zum Gesamtbild passen, attraktiv und groß genug sein, um der aufzunehmenden Wassermenge gerecht zu werden.
Die für den Brunnen ausgewählte Wand verdient ebenfalls Aufmerksamkeit. Alte solide Wände bereiten oft beim Verbergen des Auslassschlauchs der Pumpe Probleme. Oftmals ist hier eine Auskehlung in der Wand die einzige Lösung, was bei nicht fachgerechter Ausführung sehr hässlich aussehen kann. Im Idealfall wird der Wasserspeier an einer Hohlwand angebracht, wo der Schlauch im Hohlraum verlegt werden kann und so außer Sichtweite ist. Wenn gar nichts hilft, macht man aus der Not eine Tugend und benutzt einen attraktiven farbigen Schlauch.

Aufhängen eines Wandbrunnens

1 Masken und Wasserspeier sind nicht einfach zu installieren. Es empfiehlt sich, alle Verbindungen erst einmal provisorisch zusammenzustecken, bevor Löcher in die Wand gebohrt werden. Es muss sichergestellt sein, dass alle Verbindungen und Schraubenlöcher in der Maske ihre Funktion erfüllen.

2 Die Maske wird an die Wand gehalten und die Bohrlöcher werden genau angezeichnet. Dann werden die Löcher gebohrt und mit Dübeln bestückt. Diese spreizen sich beim Eindrehen der Schrauben auf und halten sie so in der Wand.

3 Nun wird die Maske an der Wand festgeschraubt. Die Leitungen und Verbindungen auf der anderen Seite der Wand müssen sich in passender Position befinden.

Empfohlene Pflanzen

Verwendete Pflanzen
Canna glauca-*Hybride* */ Sommer / Uferpflanze*
Cyperus eragrostis */ Sommer / Uferpflanze*
Iris laevigata *„variegata“* */ Sommer / Uferpflanze*

Alternative Pflanzen
Ranunculus lingua *„grandiflorus“* */ Sommer / Uferpflanze*
Schoenoplectus tabernaemontani *„zebrinus“* */ Sommer / Uferpflanze*

4 *Meistens liegen der Maske Abdeckkappen für die Schraubenköpfe bei. Diese werden fest aufgesetzt, nötigenfalls versiegelt und verbergen so die Art der Aufhängung. Nun kann der Wasseranschluss gelegt werden.*

5 *Man verbindet die Pumpe mit dem Auslassschlauch, platziert sie im Wasserspeicher und versteckt den Schlauch. Dann wird der Wasserfluss überprüft.*

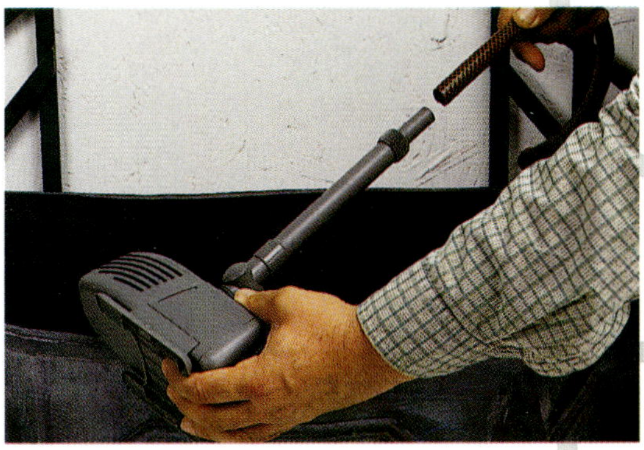

6 *Nun folgen geeignete Pflanzen. Man wählt solche, die sich bei diesem Wasserstand wohlfühlen, ständiges Spritzwasser vertragen und sich nicht gegenseitig überwuchern.*

rechts ...
Ein attraktives Arrangement für den kleinen Garten mit vielen Möglichkeiten, sich am Zauber von fließendem Wasser zu erfreuen.

Wassertreppen

Wassertreppen sind eine traditionelle Art der Gestaltung von Fließwasser. In ihrer ursprünglichen Form sahen sie wirklich wie von Wasser überschwemmte Treppen aus. Die gleichmäßigen Abstände und Höhen der Treppenstufen sind eine der zuverlässigsten Methoden, um einen garantiert gleichmäßigen Wasserfluss zu erzielen. Heute sind eher unregelmäßig zusammengestellte, steile Wasserfälle hinzugekommen, bei denen Wasser von einer Ebene auf die nächste fließt und dabei den Eindruck von Treppenstufen erzeugt.

Ein alternatives Arrangement besteht aus leicht schräg angeordneten Regenrinnen, die ein treppenartiges Gebilde darstellen. Hier ist der Effekt dem der traditionellen Wassertreppe ähnlich, doch da die Rinnen abgerundet sind, springt das Wasser eher lebhaft von einer zur anderen und erscheint so mehr silbern.

Wassertreppen können gut in größeren und traditionelleren Gartenteicharrangements integriert werden. Mit etwas Einfallsreichtum sind sie aber auch auf eher beschränktem Raum zu verwenden, ohne dabei ihren Charme zu verlieren, auch wenn sie etwas ihrer Pracht einbüßen. Das muss jedoch kein Problem sein, denn durch eine maßstabsgerechte Miniaturisierung des Originalkonzepts kann ein kleineres Arrangement durchaus ein alternatives und passendes Ambiente für den modernen Garten schaffen.

oben … *Wassertreppen können viele Formen haben, die von der traditionellen Treppenstufenform bis zu echten Wasserfällen wie diesem reichen. Alle eignen sich gut für einen formellen Garten, verlangen aber Genauigkeit bei der Konstruktion.*

Wassertreppen aus Steintrögen

1 Die hintere Wand des unteren Beckens wird für den Zulaufschlauch zum oberen Becken mit einer Nut versehen.

2 Schlauch und Pumpenanschluss müssen gut passen und zu verstecken sein, wenn die Becken zusammengestellt werden.

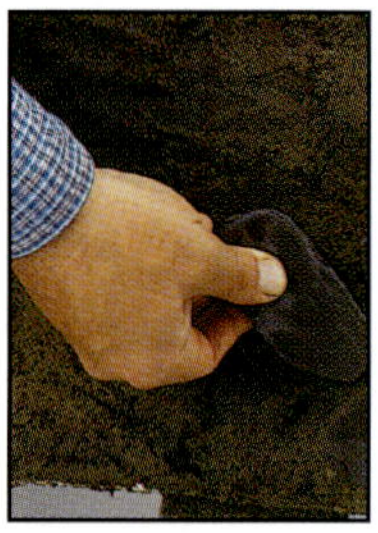

3 Die vordere Seite des künstlichen Tuffsteinbeckens kann mit flachen Kieseln dekoriert werden, die einfach in die noch feuchte Verputzmasse gedrückt werden. Das Ganze muss vor dem Anbringen der Schieferplatte trocken sein.

4 Aus dem oberen Beckenrand wird für die Schieferplatte ein passendes Stück ausgespart und diese dann mit wasserfester Dichtmasse eingeklebt.

5 Die Schieferplatte wird so platziert, dass sie nach vorne übersteht. So sollte ein gleichmäßiger Wasserschleier entstehen. Die Treppenkante muss glatt und die Schieferplatte waagerecht sein.

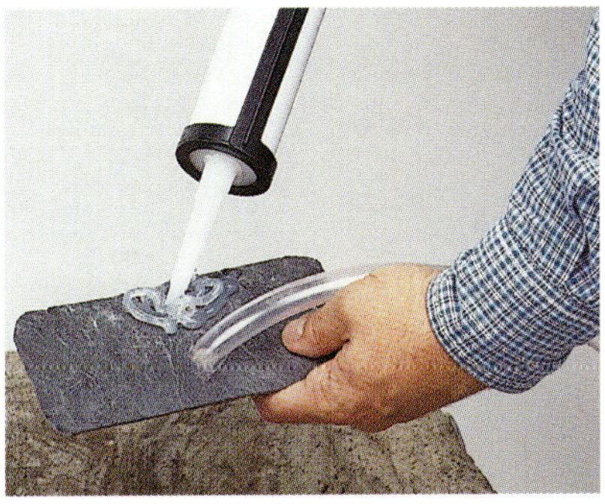

6 Um den Schlauch zu verbergen, bohrt man in eine ähnlich große Schieferplatte ein Loch und klebt diese an der Rückseite des oberen Beckens fest, so dass das Wasser ungehindert aus dem Schlauch ins Becken läuft.

7 Eine weitere Schieferplatte von gleicher Größe wie die obere Treppe wird als Scheintreppe auf den Rand des unteren Beckens geklebt, so dass der Schlauch verschwindet und ein einheitliches Bild entsteht.

8 Nun werden die Pflanzen eingesetzt. Hier wird nur eine einzelne Pflanze ins Wasser gestellt.
Der Brunnen ist von Pflanzen umgeben, die seine Umrisse verfeinern, aber nicht von der Schönheit des fließenden Wassers ablenken.

unten ... Zwei miteinander verbundene Becken mit Überläufen bilden eine Miniatur-Wassertreppe.

Empfohlene Pflanzen

Verwendete Pflanzen
Cyperus involucratus *„Nansu"*
/ Sommer / Uferpflanze

Alternative Pflanzen
Butomus umbellatus
/ Spätsommer / Uferpflanze
Typha minima
/ Sommer / Uferpflanze

Behälterpflanzen

Bei der Auswahl von Pflanzen für Behälterwassergärten muss man deren Eigenschaften und Ansprüche kennen. Es gibt fünf infrage kommende Hauptgruppen.

Tiefwasserpflanzen
In diese Kategorie fallen See- und Teichrosen und generell alle Wasserpflanzen, die sich im Bodengrund eines Teichs oder Behälters verwurzeln und aus dem Wasser herausragende, auf der Oberfläche schwimmende Blätter produzieren. Dazu gehören auch die Zwergformen von See- und Teichrosen. Obwohl es für ihre Kultivierung eine ideale Wassertiefe gibt, können sie auch in einem Behälter mit niedrigerem Wasserstand erfolgreich zur Blüte gebracht werden, sie sind relativ anpassungsfähig.

Uferpflanzen
Dies sind die natürlich entlang von Bach- und Teichrändern wachsenden Pflanzen. Sie wurzeln unter Wasser und werden in ihren natürlichen Lebensräumen periodisch überschwemmt. Dadurch sind sie an unterschiedliche Wasserstände angepasst, obwohl jede davon bei einem bestimmten Idealstand am besten wächst. Generell wachsen Uferpflanzen auch bei einem verminderten Wasserstand, vertragen aber keine anhaltenden Phasen des untergetaucht Seins.

Submerse Wasserpflanzen
Diese in der Regel recht uninteressant aussehenden Pflanzen wachsen unter Wasser. Nur gelegentlich taucht einmal eine kleine Blüte über der Oberfläche auf. Für den Gartenteich sind sie unerlässlich, denn sie schaffen und erhalten im Wasser ein biologisches Gleichgewicht. In einem Behälter profitieren allerdings nur die Fische von ihnen.

Schwimmpflanzen
Eine kleine Gruppe von Wasserpflanzen schwimmt frei auf der Wasseroberfläche herum und ist dadurch allgemein sehr dekorativ. Diese Pflanzen fühlen sich in kleinen Behältern mit ständiger Wasserbewegung nicht wohl.

Fische und Schnecken

Ein Behälterwassergarten ist nicht zur Haltung von Fischen geeignet, denn das Platzangebot ist begrenzt, die Temperaturen schwanken erheblich, und im Winter müssten sie in einen größeren Teich, vielleicht beim Nachbarn, umgesetzt und im nächsten Frühjahr durch neue ersetzt werden. Aber ein oder auch zwei kleine Goldfische können in einem Behälter von Vorteil sein. Goldfische kontrollieren die meisten Wasserpflanzenschädlinge und vor allem Mückenlarven.
Wasserschnecken sind eine beliebte Ergänzung im Behälterwassergarten, denn sie „grasen" die lästigen Grünalgen ab. Diese haften an den Wänden des Behälters und oftmals auch an den Pflanzen.
Man sollte die Schnecken aber sorgsam auswählen, da nur Posthornschnecken mit ihren flachen, scheibenartigen Gehäusen reine Algenfresser sind; Arten mit spitz gewendeltem Gehäuse wie die größeren Schlammschnecken fressen zwar auch Algen, jedoch erst, nachdem sie die Blätter saftiger Uferpflanzen beseitigt haben.

Sumpfpflanzen
Obwohl sie auch Phasen des untergetaucht Seins im Sommer tolerieren, verlangen Sumpfpflanzen ständig nasse Erde. Es gibt echte Sumpfpflanzen und solche, die eigentlich krautähnliche Rabattenpflanzen sind, dabei aber problemlos einen morastigen Boden akzeptieren. Der Sumpfgarten im Behälter bietet mehr Möglichkeiten für Experimente mit solchen Rabattenpflanzen, da die Substratfeuchtigkeit einfacher zu kontrollieren ist.

Auswahl von Wasserpflanzen
Es ist stets am besten, Wasserpflanzen bei einer spezialisierten Gärtnerei oder in einem Gartencenter zu erwerben. Uferpflanzen und Seerosen sollten idealerweise in Töpfe gepflanzt sein, auch wenn sie später im Behälter direkt in den Bodengrund gesetzt werden. Man sollte niemals lose in Verkaufsbecken herumschwimmende Wasserpflanzen kaufen, denn diese befinden sich meist bereits in einem Stadium des Verfalls. Topflose Wasserpflanzen sind nur dann haltbar, wenn sie für den Transport frisch entwurzelt werden.

Einige Gartencenter und Zoogeschäfte bieten abgepackte Wasserpflanzen an, speziell submerse und Schwimmpflanzen. Sind sie in versiegelten Plastiktüten verpackt, dann macht man am besten einen weiten Bogen darum. Diese Tüten heizen sich schnell auf und lassen die Pflanzen absterben. Das Gleiche kann manchmal selbst mit submersen Wasserpflanzen passieren, die in losen Bündeln im Wasser gelagert werden. Der Bleistreifen um die Basis des Pflanzenbündels zeigt, ob diese Pflanzen ihr Geld wert sind.

oben … *Ein kleiner Wassergarten, der dem Betreiber die Möglichkeit gibt, sich an einer reichen Pflanzenvielfalt zu erfreuen.*

Schwarze Flecken an den Stielen neben den Blattachseln zeigen an, dass die Pflanzen mindestens für eine Woche zusammengebunden waren und der Bleistreifen zum Durchfaulen der Stiele führt. Solche Pflanzen sollte man folglich meiden.

Pflege von Behälterwasserspielen

Die Pflege von Wasserspielen in einem Behälter ist der eines Gartenteichs sehr ähnlich. Die beiden sich unterscheidenden Hauptaspekte sind, dass in kalten Klimazonen die meisten Behälter im Winter ins Haus geholt oder zumindest sorgfältig geschützt werden müssen und dass, egal wie viel Mühe man sich auch gibt, in einer so kleinen Wassermenge kein naturähnliches ökologisches Gleichgewicht zu erzielen ist. Aus letzterem Grund und um ein gesundes Pflanzenwachstum zu erzielen, ist die Wahl des geeigneten Pflanzsubstrats sehr wichtig.

Wasserpflanzenerde

Die in den Töpfen oder als Behältersubstrat verwendete Erde hat auf das Wachstum der Wasserpflanzen einen entscheidenden Einfluss. Er kann auch die Klarheit des Wassers beeinträchtigen. Gesunde Wasserpflanzen verlangen für ihr Wohlergehen ein ausgewogenes Angebot an Nährstoffen. Diese müssen in einer für die Pflanze einfach zu absorbierenden Form vorhanden sein und dürfen nicht ins Wasser entweichen. Frei im Wasser vorhandene Nährstoffe werden nur von submersen Pflanzen aufgenommen, und alles, was darüber hinausgeht, ist Nahrung für grüne Algen.

Richtige Wasserpflanzenerde ist das teuerste Pflanzsubstrat. Sie hat aber den Vorteil, dass sie die für die erfolgreiche Kultivierung von Wasserpflanzen nötige Ausgewogenheit besitzt. Die enthaltenen Nährstoffe werden langsam frei gesetzt und entweichen nur schwer ins Wasser. Obwohl auch aus guter, sauberer Gartenerde von mittelschwerer bis schwerer Qualität ein brauchbares Substrat für Wasserpflanzen hergestellt werden kann, und für Behälterbrunnen auch nur kleine Mengen davon gebraucht werden, ist gekaufter Fertigerde der Vorzug zu geben.

links ... *Ein Fließwasserarrangement von bestechender Einfachheit und modernem Design, das einen großen Einfluss auf die makellos gepflegte Rasenfläche hat. Das Wasser bildet den zentralen Punkt und verkörpert alle seine Qualitäten – von Bewegung und Geräusch bis hin zu glitzernden, ständig wechselnden Lichteffekten.*

Pflege der Pumpe

Moderne Tauchpumpen sind unabhängig und verlangen über eine gelegentliche Reinigung des Filters hinaus nur wenig Pflege. Bei einem Behälterwassergarten besteht selbst dieser Anspruch nur selten. Im Herbst wird die Pumpe gereinigt und trocken über den Winter eingelagert. Im Sommer kommt sie zurück in den Wassergarten.

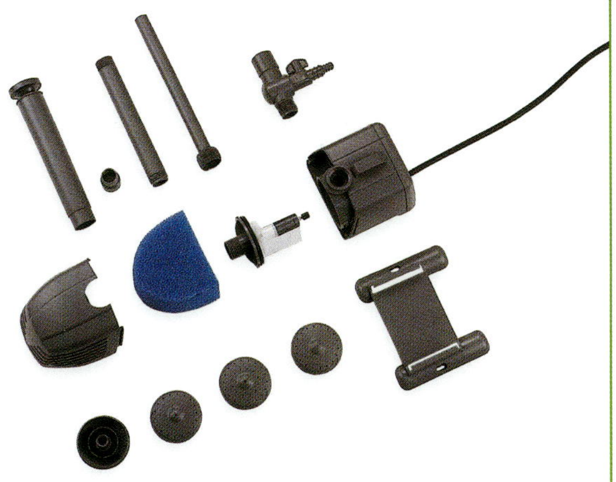

oben ... *Die Einzelteile einer Tauchpumpe mit mehreren Arten von Fontänendüsen und einfachen Wasserauslässen.*

Bepflanzung

Damit sich jede einzelne Wasserpflanze das ganze Jahr über fest verwurzeln kann, ist eine ausreichende Menge Substrat wichtig. Auf so engem Raum ist das Umtopfen im Frühling ein jährliches Muss. Die Bedingungen eines Behältergartens sind denen der Pflege von Bonsai ähnlich, nur will der Wassergärtner im Gegensatz zum Bonsaigärtner auf dem engen Raum einen normalen Wuchs erzielen.
Töpfe und Wasserpflanzenkörbe können manchmal verwendet werden, meistens wird der Boden des Behälters jedoch mit Substrat bedeckt, so dass die Pflanzen darin frei wurzeln können.

Grundlagen der Pflege

Während der Sommermonate verlangt ein Behälterwassergarten nur wenig Aufmerksamkeit. Die Verdunstung und der Wasserverlust durch spritzende, vom Wind verwehte Fontänen sind natürlich zu beachten. Ein tägliches Überprüfen sollte sicherstellen, dass der Behälter – und sofern vorhanden auch der Wasserspeicher – stets gut gefüllt sind. Ein zu niedriger Wasserstand in Verbindung mit Sonneneinstrahlung kann sich auf Wasserpflanzen verheerend auswirken. Die meisten aquatischen Pflanzen tolerieren zwar Wärme, dürfen dabei jedoch nicht in der Sonne „gekocht“ werden. Bei von Pumpen betriebenen Arrangements muss der Wasserstand stets hoch genug sein, um die Pumpe vollständig zu bedecken.
Die Pflege der Pflanzen ist eine permanente Aufgabe. Alte verwelkte Blätter und Blüten müssen regelmäßig entfernt werden. Man sollte auch ein Auge auf die Wuchsdichte submerser Pflanzen haben und diese wenn nötig auslichten. Fädige, teppichartige Beläge bildende Algen wie Bart- und Fadenalgen sollten umgehend von Hand entfernt werden. Kümmert man sich nicht um sie, dann verheddern sie sich in anderen Pflanzen. Grünalgen können mit einem Algizid behandelt werden, obwohl es bei Behältern ohne Wasserspeicher einfacher ist, das Wasser abzusaugen und durch frisches zu ersetzen.

Überwinterung

In kalten Klimazonen ist es wichtig, die Behälter den Winter über zu entleeren, da anderenfalls ein Risiko für Frostschäden besteht. Kleinere, ansonsten freistehende Behälter, besonders solche mit Wasserpflanzen, können im Haus an einem frostfreien Platz überwintern. Wenn das Wasser entfernt ist, das nasse Substrat jedoch im Behälter verbleibt, kommen Uferpflanzen und Zwergseerosen darin gut über den Winter. Nach dem Umtopfen im Frühling zeigen sie wieder ein starkes Wachstum.
Submerse und Schwimmpflanzen werden am besten an einem hellen, kalten, dabei aber frostfreien Platz überwintert. Man bewahrt sie in Gläsern oder Schalen mit einer Substratschicht auf dem Boden auf. Viele Gärtner entsorgen im Herbst die submersen und Schwimmpflanzen und ersetzen sie im Frühjahr durch neue. Goldfische für kleine Behälter sollten in ein größeres Heim wie den Teich des Nachbarn umziehen und im kommenden Frühjahr durch neue ersetzt werden.

Inhaltsverzeichnis

Bildnachweis

Chilstone Garden Ornaments: 64 rechts. – Eric Crichton Photos: 5, 10 rechts, 12, 15 oben, 19 (Design: Sparsholt College, Chelsea Flower Show 1997), 21 links, 22 rechts, 24, 25 oben, 27 rechts, 31, 36, 39, 47, 51, 52, 58 (Marshalls Generation Garden, Hampton Court Flower Show 2000), 61 (Design: Roger Platt), 62 (Design: Alison Armour, Chelsea Flower Show 2000). – John Glover: 1 (Design: Chris Jacobsen), 3 (Design: Robin Templar Williams, Chelsea Flower Show 2000), 9 rechts (Design: Alan Titchmarsh), 15 unten, 16, 18 (Design: Roger Platts, Chelsea Flower Show 1996), 20 links (Design: Alan Titchmarsh), 22 links (Design: Alan Titchmarsh), 26, 41 (Design: Michael Miller, Chelsea Flower Show 1998), 42, 45. – Malcolm Little: 21 rechts. – Peter Mc Hoy: 28. – Clive Nichols Garden Pictures: 4 (Dales Stone Company, Chelsea Flower Show 1994), 7 (Design: Anthony Noel), 8 (Design: Andrew and Karla Newell), 9 links (Design: Dennis Fairweather), 10 links (Design: J. Dowle and K. Ninomiya, Chelsea Flower Show 1995), 11 (Design: Suzanne Porter), 13 (Design: Roger Platts, Chelsea Flower Show 1996), 14-15 (Daily Mirror Garden, Chelsea Flower Show 1994), 16-17 (Design: Boardman Gelly & Co, Hampton Court Flower Show 2000), 17, 23 (Chelsea Flower Show 1998), 35. – Neil Sutherland: 6, 20 rechts, 25 unten, 27 links, 49, 55.